1日1ページで小学生から頭がよくなる！宇宙のふしぎ366

一日一頁

宇宙宙

大驚奇

從天文觀測到太空探索，大人小孩都想知道的天文知識

左卷健男◎編著

高品薰◎譯

不知道大家有沒有看過那種星星又多又亮，近得好像要從天空中掉下來了的夜空呢？

神秘美麗的夜空，就是引領我們前往無邊無際宇宙的入口。正因為在城市裡，燈光會映射到夜空上，這種讓夜晚也變得明亮起來的「光害」，讓我們想看到繁星點綴的夜空，變得困難許多。如果有機會到沒有光害的地方去，請一定要抬頭看看夜晚的天空。不對，應該說，就算大家待在城市裡，也可以不時抬頭看看夜空。

那些小到像灰塵一樣小，大到像行星、恆星、銀河那麼巨大的天體，都飄在我們看到的天空中。

宇宙有它獨特的歷史，它誕生於一場宇宙大爆炸（Big Bang）。後來出現了恆星，創造出大約 90 種元素、創造出太陽系、岩石行星和地球，匯聚到地球上的星星灰塵中，誕生了地球上的生命，宇宙花了這麼多功夫，才終於創造出我們人類。

人類有增長智慧的能力，能夠逐步解開宇宙中不可思議的謎團。

雖然現在我們還沒有找到地球之外存在生命體的跡象，但或許宇宙中真的存在其他生命，並且也和人類一樣進化出智慧了也說不定。

了解宇宙，也才能了解我們本身以及地球究竟是什麼樣的。

因為，地球也正是宇宙中無數的星星之一。

本次和我一起編寫本書的，還有《RikaTan》雜誌（理科の探檢）的編輯們，這是一本喜歡科學的大人專屬的雜誌，用平易近人的方式把科學的樂趣傳達給大家。

我們是一群會去教人，也會去學習，會去觀察星星、也舉辦星星觀測活動的人。

我們這樣一群喜歡宇宙和星星的人，努力編寫了一本能夠滿足大家對宇宙的好奇心的一本書。

最後，要特別感謝きずな（Kizuna）出版社編輯部的澤有一良先生，以及辦公室三劍客——松本一希先生、南口汐先生，為本書的編輯作業付出許多心力。

編著者　左卷健男

本書的使用方式

類別處標示的就是當週的主題！

在書頁上標示讀過的日期吧！

一看就懂的重點提示！

用 3 個重點做出簡單易懂的說明！

附註了能增加樂趣的額外小知識！

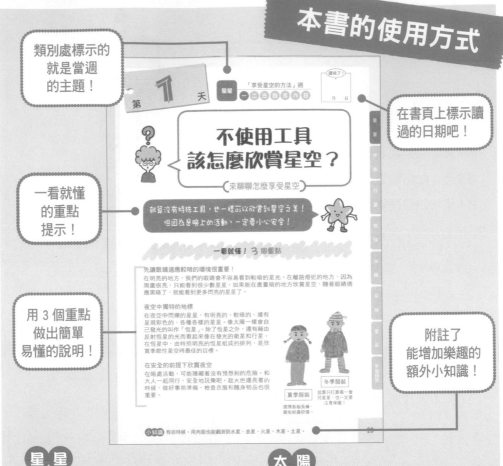

星星

解說在夜空中閃爍星星的誕生以及與地球的距離、觀賞星星的方式等知識！

宇宙

解說觀測宇宙的方法以及黑洞、宇宙誕生等的秘密！

行星

解說太陽系行星的組成成分和結構等相關的知識！

地球

解說地球的結構和生物誕生等各種不可思議的知識！

太陽

說明太陽發光的原因和機制，解答太陽的功用和神秘之處！

月球

從內部開始解說月亮的結構和陰晴圓缺！

星系

解說太陽系、銀河系和星系等等各種不可思議的秘密！

宇宙探索

解說宇宙中的工作以及火箭、衛星等等科技發明！

目錄

目錄

目錄

目錄

目錄

編輯　辦公室三劍客　　　　　　　　　　　　　封面、主要插圖　力石 Arika
書籍設計　金井久之 [TwoThree]　　　　　　　校對　鷗來堂
圖版製作・DTP　土谷英一朗 [Studio BOZZ] ／高橋祐美／渡邊規美雄 [Amber Graphic]

■照片插圖 ※ 數字表示頁數

大島修：51, 72, 73, 74, 75, 77, 78, 107, 109, 111, 112, 113, 191, 194

Rémih：96

HPH：310

Tttrung：317

北陸移動天文館：251

shutterstock：31, 44, 105, 159, 165, 197, 210, 226, 230, 231, 232, 269, 274, 285, 287, 304, 306, 308, 309, 311, 323, 388

倉持寬子：52, 53, 150, 153, 225, 284,310, 352,368

Photo AC：36, 83, 100, 116, 205, 248, 250, 258, 259, 271, 321

IllustAC: 29, 54, 59, 79, 85, 93, 99, 104, 105, 128, 131, 134, 135, 155, 166, 169, 171, 172, 173, 175, 195, 201, 208, 209, 211, 213, 215, 224, 239, 249, 253, 260, 268, 296, 315, 330, 332, 349, 372, 378, 379, 382, 387
DesignAC：151

Wikimedia Commons：30, 40, 41, 43, 46, 47, 49, 50, 57, 64, 65, 66, 68, 70, 76, 86, 90, 96, 103, 106, 110, 142, 144, 147, 154, 157, 160,

170, 189, 206, 218, 234, 235, 237, 238, 240, 247, 255, 266, 267, 272, 275, 277, 278, 282, 289, 291, 293, 294, 299, 301, 305, 307, 312, 317, 326, 329, 340, 343, 358, 370, 373, 376, 380, 385

X-CAM ALMA ESONAOJNRAO)：89

淺見奈緒子：91

NASA：67, 69, 92, 101, 102, 136, 162, 167, 174, 176, 192, 202, 212, 214, 221, 233, 236, 241, 242, 243, 244, 245, 245, 246, 257, 262, 263, 264, 268, 276, 279, 288, 290, 292, 303, 316, 322, 331, 333, 334, 335, 336, 337, 341, 353, 364

青野裕幸：207, 227

日本國立天文台：45, 56, 61, 63, 88, 95, 117, 138, 140, 184, 187, 188, 190, 193, 198, 217, 220, 229, 295, 318, 366, 369

地人書館：253

小野夏子☆：252

鼻炎人：79, 80, 81, 82, 84, 324, 325,

328, 360, 361, 362, 363

中川律子：359

富山市科學博物館：371

日本宇宙航空研究開發機構（JAXA）：121, 122, 123, 124, 125, 126, 127, 177, 179, 180, 181, 182, 183, 313, 365, 383, 386

井上貴之：23, 24, 25, 26, 27, 28, 114

123RF：58, 108, 148, 158, 283, 314, 384

いらすとや：145, 152, 170, 327, 350

歐洲南方天文台（ESO）：48

Pixabay：261, 280

NRAOAUINSF；D. Berry：344

日本氣象廳：346, 351

NASAJPL －加州理工學院：355

SETI@home HP：357

NOIRLab/NSF/AURA/J. da Silva：204

不使用工具該怎麼欣賞星空？

（來聊聊怎麼享受星空）

就算沒有特殊工具，也一樣可以欣賞到星空之美！
但因為是晚上的活動，一定要小心安全！

一看就懂！ 3 個重點

先讓眼睛適應較暗的環境很重要！

在明亮的地方，我們的眼睛會不容易看到較暗的星光。在離路燈近的地方，因為周圍很亮，只能看到很少數星星。如果能在盡量暗的地方欣賞星空，隨著眼睛適應黑暗了，就能看到更多閃亮的星星了。

夜空中獨特的地標

在夜空中閃爍的星星，有明亮的、較暗的、還有呈現彩色的，各種各樣的星星。像太陽一樣會自己發光的叫作「恆星」。除了恆星之外，還有藉由反射恆星的光而看起來像在發光的衛星和行星。在恆星中，由特別明亮的恆星組成的排列，是欣賞季節性星空時最佳的目標。

在安全的前提下欣賞夜空

在暗處活動，可能隱藏著沒有預想到的危險。和大人一起同行，安全地玩樂吧。趁天色還亮著的時候，做好事前準備，檢查衣服和隨身物品也很重要。

夏季服裝

選擇長袖長褲，避免蚊蟲咬傷。

冬季服裝

就算只打算看一會兒星星，也一定要注意保暖！

（小知識） 有些時候，用肉眼也能觀測到水星、金星、火星、木星、土星。

星星
宇宙
行星
地球
太陽
月球
星系
宇宙探索

如何觀賞春季星空？

(來聊聊春季星空)

夜空中有一半左右都是季節星座。
試著找出「春季大三角」。

一看就懂！ **3** 個重點

最多可看到三個季節的專屬星座
季節性星座指的是晚上 9 點左右、可以在南方天空中看到的星座。一年有四季，每個季節獨有的星空各佔了天空的 1/4。但是有一半都在地平面以下，換句話說，當我們在南方天空看到春天的星座時，西方天空的是冬天的星座，東方天空裡的是夏天的星座。

春季大三角是一組幾乎呈正三角型的星座排列
晚上 9 點左右，試著在南方天空找出一組幾乎呈正三角形的星星排列吧，那就是「春季大三角」。春天剛到時，它會在天空中比較偏東方的位置，夏天剛到來時，位置就會在偏西方的天空中。牧夫座的大角星、室女座的角宿一和獅子座的五帝座一，排列出了一個三角形。牧夫座看起來也有一點像領帶呢。

春季大三角的北邊，正是有名的北斗七星
從春季大三角的頂點往北方的天空看，北斗七星就在那裡。北斗七星是大熊座的一部分，大約是在熊的腰部到尾巴的位置。北斗七星的「斗」是指一種古代的舀水工具，現在稱作勺子。

〈春季星空〉

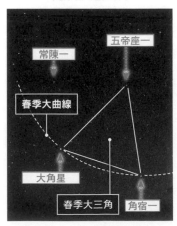

常陳一
五帝座一
春季大曲線
大角星
春季大三角
角宿一

小知識 春季大三角再加上獵犬座的常陳一，就成了春季大鑽石了。

如何觀賞夏季星空？

（來聊聊夏季星空）

「夏季大三角」是一個細長的直角三角形。
心宿二是紅色的星星。

~~~ 一看就懂！ **3** 個重點 ~~~

「夏季大三角」的形狀，就像是一個細長的直角三角形
夏季大三角中的三顆星是大琴座的織女星、天鵝座的天津四和天鷹座的牛郎星，織女星是織女一，牛郎星是河鼓二。七夕的時候，在傍晚東方的天空中，它看起來就像一把長邊朝下的三角板。「直角」頂點的星星就是織女一。

心宿二是一顆紅色超巨星
當夏季大三角在我們的頭頂上方閃耀時，南方的天空往下一些，有一顆特別閃亮的星星。那就是天蠍座的心宿二。心宿二和火星總是在比賽誰更紅呢，你看出它的紅色光芒了嗎？在它左邊的是南斗六星中的人馬座。

夜空中的銀河，穿過了夏季大三角
如果能在夏季裡找一個特別晴朗的日子，到黑暗的地方欣賞星空，你會看到一團像雲一樣的團塊，還隱隱散發出白色光芒，那就是我們說的銀河，它看起來像是很多小星星湊在一起而成的。想要看到銀河，最重要的是先讓眼睛適應黑暗。

〈夏季的星空和銀河〉

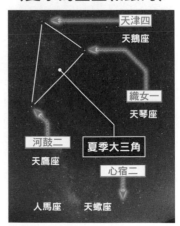

天津四
天鵝座
織女一
天琴座
夏季大三角
河鼓二
天鷹座
心宿二
人馬座　天蠍座

小知識 織女星（織女一）和牛郎星（河鼓二）之間的距離大約有 15 光年，在七夕這一天要見到面好像很困難呢。

星星
宇宙
行星
地球
太陽
月球
星系
宇宙探索

如何觀賞秋季星空？

（來聊聊秋季星空）

秋季星座裡只有一顆特別亮的星星，好在還有其他地標，不必擔心找不到。

一看就懂！ **3** 個重點

一起來找「秋季四邊形」

西邊的天空是夏季大三角，東邊的天空是閃亮的冬季星座，夾在中間的就是秋季的星星們。在天空高一點的位置，能夠找到一個大大的四邊形，這就是所謂的秋季四邊形——飛馬座。它的排列看起來像是一匹有翅膀的天馬正遨翔在天空中。

讓我們找出仙女座星系

以秋季四邊形上緣最右邊的星星為準，往左邊找，會看到有 5 顆星星以差不多的間隔排成一排。最中間的 3 顆是仙女座，第 5 顆是英仙座。而在第 3 顆星星上面一點點，有一小團像棉花糖一樣的團塊，這就是仙女座星系了。

秋季唯一最亮的星星——北落師門

在南方天空較低的位置，有一顆很孤單但是特別亮的星星。它是人們口中說的「秋季唯一的星星」，南魚座的北落師門。雖然它是最亮的一等星，但因為它在天空中較低的位置，所以平常不是很顯眼。

〈秋季星空〉

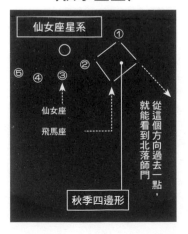

仙女座星系

① ② ③ ④ ⑤

○

仙女座

飛馬座

從這個方向過去一點，就能看到北落師門

秋季四邊形

小知識 在「飛馬座」，有一顆飛馬座 51b，它是人類發現的第一顆太陽系外行星。

如何觀賞冬季星空？

（來聊聊冬季星空）

冬季星空就像珠寶盒，
閃亮的星星們排成了巨大的六角鑽石形。

一看就懂！ 3 個重點

「冬季大三角」也是排成接近正三角形的模樣呢
來試試找出冬季大三角吧，晚上 9 點左右往南方的天空看，可以看到幾乎是正三角形的星星排列。剛進入冬天時，位置會偏東邊一點點，在初春時會在靠西邊的天空。冬天的天空暗的比較快，在更早一點的時間就能看到它出現在偏東邊的天空中了。三角形的方向還會因為時間而改變。

來找出獵戶座的 3 連星吧
位在冬季大三角下方的星星，是大犬座的天狼星，左邊的星星是小犬座的南河三，右邊的星星是獵戶座的參宿四。在紅色的參宿四下方，有青白色的參宿七。而參宿四和參宿七之間是 3 顆連星。

試著找出巨大的六角形吧
在南河三上方，很要好地並排在一起的是組成雙子座的北河三和北河二。北河三和御夫座的五車二、金牛座的畢宿五，再加上參宿七、天狼星、南河三，一起組成了一個很大的六角形。

〈冬季星空〉

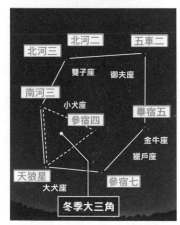

北河三　北河二　五車二
雙子座　御夫座
南河三
小犬座　畢宿五
參宿四
金牛座
獵戶座
天狼星　參宿七
大犬座

冬季大三角

小知識 在日本古代源平合戰中，平家用紅底白色家紋軍旗，源氏用白底青色家紋軍旗，所以在日本，參宿四也會被稱為平家星，參宿七也有了源氏星的別名。

星
星

宇
宙

行
星

地
球

太
陽

月
球

星
系

宇
宙
探
索

一整年都看得到北方天空的星座嗎？

〔關於北方星空的知識〕

北方的星空中，有些星座一整年都能看到，但也有每個季節特定的欣賞方式哦。

一看就懂！ **3** 個重點

在北半球，星空的移動是以北極星為中心

星空是以北極星為中心旋轉移動的，所以離北極星比較近的星座，整年都能夠欣賞到。不過，位置較低，離北極星遠的星座，有時候會被山或建築物擋住而看不見。另外，上下方向反過來時，星座給人的感覺也會非常不一樣。

在不同時間觀看，就能明白星空是怎麼移動的

不管是一天還是一年裡的星空移動，都是以北極星為中心點。即使我們盯著星空看，它也是每 4 分鐘才移動 1 度，所以很難判斷它是不是真的有移動。如果每隔 1 小時左右才觀察一次，就能看出來它確實移動了。另外，星空的變化每天大約只有 1 度，和半個月前看到的星空相比，就能看出它的變化。

在日本的北部和南部地區，看得到的星空範圍也不一樣

北極星的高度會隨著人所在的地區而有不同，愈往南，看到的北極星位置就愈低。這就是為什麼在北方國家一年四季都可以看到北斗七星和仙后座，但在南方地區有時會隱藏在地平線以下，也就看不見它們了。

〈北方星空裡的小熊座和仙后座〉

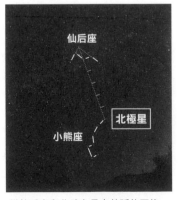

仙后座

北極星

小熊座

從仙后座和北斗七星向外延伸五倍，就能找到北極星。

小知識 排列形狀像是 W 的仙后座，在特定的季節看起來就變成 M 了。

用雙筒望遠鏡
能讓星星看起來更大嗎？

（關於望遠鏡的知識）

雙筒望遠鏡沒辦法讓星星看起來更大，
但是可以看到更多較暗的星星哦。

一看就懂！ 3 個重點

雙筒望遠鏡的倍率並不高

恆星們的所在位置實在是太遠了，即使用望遠鏡或雙筒望遠鏡，看起來也還是只有一個亮亮的小點。再加上雙筒望遠鏡的倍率並不高，連金星、木星等行星看起來也幾乎是一個小點。不過，我們還是可以用望遠鏡看到月球和木星衛星上的大隕石坑哦。

可以看到許多較暗的星星

用雙筒望遠鏡，比單用肉眼能看到更多較暗的星星，星星的顏色也會更清晰。 此外，原本模模糊糊的星雲和星團，也能看到更多細節。此外，愈大的物鏡可以收集到更多的光，看得更多，但也更重，會變得不好使用。望遠鏡的放大倍數愈低，看到的視野就愈亮。

觀測星空是需要經過練習的唷

如果不怎麼習慣使用雙筒望遠鏡，要找到想看的東西會很辛苦。 趁天還亮的時候，先開始練習對焦，或者看看遠方的山或鐵塔來練習。但千萬不可以用來直視太陽，這樣有造成失明的危險。

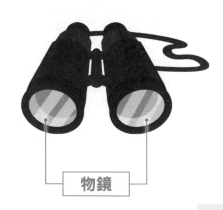

物鏡

小知識 雙筒望遠鏡上的 7x35 之類的標記，是標明物鏡的鏡面直徑為 35mm，倍率是 7 倍。

望遠鏡是誰發明的？

關於發明望遠鏡的知識

關於望遠鏡是誰發明的，有各種說法，很難確定真正的發明者。

一看就懂！ 3 個重點

人們在公元前就已經開始使用望遠鏡裡需要的鏡片了
在古代亞述地區（現在的伊拉克）的遺跡裡，發現了世界上最古老的透鏡，當時的人們用透鏡來收集陽光的熱度和亮度。古羅馬時代，似乎也已經出現觀看角鬥士用劍格鬥時使用的眼鏡。到了 13 世紀的歐洲，運用凸透鏡的老花眼鏡也已經非常普遍。

是 Hans Lipperhey 發明的嗎？
1608 年，眼鏡技工漢斯・李普希（Hans Lipperhey）申請了一種望遠鏡專利，這種望遠鏡把凸透鏡安裝在前面，人從靠眼睛這一面的凹透鏡看東西，可以讓遠處的物體看起來更近、更大。

其他傳說中的發明家們
哲學家笛卡兒在他寫的書中寫到雅各布・梅蒂烏斯（Jacob Metius）是望遠鏡的發明者，雅各布只晚了漢斯・李普希幾天申請專利。另外還有一種說法，認為撒迦利亞・詹森（Zacharias Janssen）在 1590 年發明了望遠鏡。他們全都是設計製作眼鏡的技工，很難確定到底誰才是真正發明望遠鏡的人。

現代天文望遠鏡的始祖是在 16 世紀末 17 世紀初發明出來的。

小知識 漢斯・李普希所發明的望遠鏡，後來被用於軍事用途。

第一個用望遠鏡觀測星空的人是誰？

（關於用望遠鏡觀測天體的知識）

1609 年，伽利略用他自製的望遠鏡正式觀測了星空。

一看就懂！ 3 個重點

伽利略‧伽利萊的望遠鏡

1609 年，義大利科學家伽利略‧伽利萊學習漢斯‧李普希製作了望遠鏡（口徑 3 ～ 4 公分，放大倍數 3 ～ 20 倍），用它來觀測星空。伽利略詳細記錄了他的觀察結果，並於隔年出版了《星象報告》。

伽利略透過望遠鏡看到的天體和新發現

伽利略用自製的望遠鏡，發現了月球上的隕石坑、木星的四大衛星、土星環、金星和火星的圓缺、太陽上的黑子，以及銀河是由許多星星排列匯集而成的。

望遠鏡發現了能證實地動說的證據

木星的四大衛星（伽利略衛星）是以木星為中心進行公轉，而不是繞著地球轉；金星和火星看起來的大小、形狀和亮度都會有週期性變化，因此能證明金星和火星是以太陽為中心進行公轉，同時反射太陽光而顯得像在發光。

伽利略‧伽利萊的望遠鏡

 傳說查哈里亞斯‧楊森（Zacharias Janssen）也用望遠鏡觀測過星空，但並未找到觀察記錄。

為什麼不可以用 望遠鏡觀測太陽？

（關於陽光很危險的知識）

就算是用肉眼，直視太陽也很危險！在沒有任何保護的情況下，用望遠鏡直視太陽，有可能會瞎掉！

一看就懂！ 3 個重點

陽光裡，包含了許多不同種類的光

有陽光的白天會變得明亮，是因為陽光中的可見光。我們站在陽光下時，會感覺溫暖，也會曬黑。使人感到溫暖的是紅外線，把人曬黑是紫外線做的好事。陽光裡包含許多不同波長的光線。

直視太陽有可能導致失明

用眼睛直視太陽，會損傷眼球後部的視網膜，造成日光性視網膜病變。尤其是藍光和紫外線，它們具有很強的能量，會對視網膜產生很大的傷害。

不刺眼時也一樣危險

小時候，我們常常用黑色墊板或紙隔著看太陽，才不會太刺眼。但是，雖然不刺眼了，卻還是不能擋住紫外線。隨著〈陽光的強度 × 觀察時間〉會造成等比的傷害，所以即使不刺眼，長時間直視太陽也會造成日光性視網膜病變。絕對不可以用望遠鏡來直視太陽！

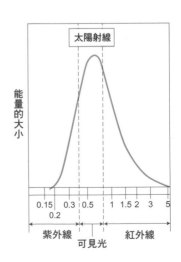

太陽射線

能量的大小

| 0.15 | 0.3 | 0.5 | 1 | 1.5 | 2 | 3 | 5 |

0.2

紫外線　　可見光　　紅外線

小知識 透過望遠鏡拍攝太陽，連相機都會故障。

折射望遠鏡的結構是怎樣的？

（關於折射望遠鏡的知識）

用凸透鏡（物鏡）來折射和聚集星星所發出的光，匯集成眼睛看到的畫面。

一看就懂！3個重點

光是會折射的

雖然光是沿直線傳播，但當它穿過密度不同的物體時，行進路線會發生彎曲和折射。當我們看放在水裡的東西，從斜角看起來會短一點，用放大鏡把陽光聚焦在一個點上，就能把紙燒焦。

克卜勒款和伽利略款

當星光通過凸透鏡（物鏡）匯集在一起時，會在凸透鏡的焦點位置形成實像。克卜勒望遠鏡運用眼睛前的凸透鏡把實像放大呈現，伽利略款則是用凹透鏡在形成實像之前，讓光線發生彎曲並進入眼睛。

折射望遠鏡的優點與缺點

折射望遠鏡需要維護的部分很少，用起來也很簡單。呈現出來的畫面也很穩定，不會扭曲。但是，它比相同口徑的反射式望遠鏡更大更重。用物鏡折射星光時，圖像中會出現彩虹色的模糊邊緣。

〈折射望遠鏡的結構〉

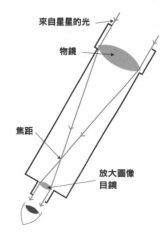

來自星星的光

物鏡

焦距

放大圖像
目鏡

小知識　世界最大的折射望遠鏡位於耶基斯天文台（Yerkes Observatory），直徑為 102 公分。

星星
宇宙
行星
地球
太陽
月球
星系
宇宙探索

反射望遠鏡的結構是怎樣的？

（關於反射望遠鏡的知識）

運用凹面鏡（反射鏡）來反射和收集星星的光並形成圖像。

一看就懂！ 3 個重點

凹面鏡的反射能把光收集起來
中間凹陷的凹面鏡，可以把陽光集中在一點，古代也用這種方法在奧運的點火儀式上點燃聖火哦。凹面鏡就像凸透鏡一樣，會在光匯集的焦點上形成圖像。

追求沒有泛色邊緣的圖像
牛頓（Isaac Newton）由於很不喜歡透鏡折射出來的圖像中總會出現彩虹色邊緣，於是他在 1668年，發明了一種用凹面鏡代替凸透鏡的反射望遠鏡。不同於折射望遠鏡，反射式望遠鏡的成相中不會產生彩虹色邊緣。

反射望遠鏡的優點與缺點
與凸透鏡相比，製作大凹面鏡比較容易，即使製作大口徑的望遠鏡，望遠鏡本體也不會變得太長，使用起來更加方便。但另一方面，反射式望遠鏡內部的空氣流動會造成看到的畫面抖動，凹面鏡的反射效果也會隨著時間變差。

〈反射望遠鏡的結構〉

（牛頓式光路圖）

來自星星的光
目鏡
焦距
小型平面鏡
匯集的光線
凹面鏡

小知識 世界上最大的單鏡面反射望遠鏡是日本製造的すばる（SUBARU）望遠鏡。

怎麼用手機拍攝月亮呢？

關於拍攝月亮照片的知識

想要拍到夜空中最亮的天體————月亮，
必須調整曝光和光圈才行！

一看就懂！ 3 個重點

拍攝月亮十分困難

為了讓任何人都能隨時隨地拍出好照片，智慧型手機的相機內建了電腦運算機能，會在拍攝時自動調整合適的曝光和光圈才進行拍攝。用手機拍攝在黑暗夜空中特別明亮的月亮，通常會曝光過度。

使用手動調節曝光和夜景攝影模式

先解除智慧型手機裡的相機自動功能，在手動調整模式中，設定縮短曝光時間、加大光圈和降低ISO 感光度，如果沒有手動調整功能，可以下載夜景攝影專用的 APP 試試看。

使用智慧型手機
或小型相機拍攝

使用三腳架或望遠鏡

用手拿著手機拍照時，會因為手不能完全靜止，拍出來的照片會像沒有對焦。建議可以使用三腳架來改善手抖問題，如果能把智慧型手機的相機鏡頭搭配到望遠鏡的目鏡上拍攝，能夠拍出更大的月亮，曝光和對焦的調整也會變得容易許多。

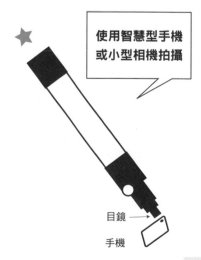

目鏡

手機

小知識　用智慧型手機手持拍攝時，可以開啟連拍功能，説不定其中會有些拍得很棒的照片。

星星 宇宙 行星 地球 太陽 月球 星系 宇宙探索

沒有望遠鏡 也能拍攝星星嗎？

（關於星空攝影的知識）

就算沒有望遠鏡，也可以用相機和三腳架拍出很棒的星空照片。

一看就懂！ 3 個重點

簡單好入門的定點拍攝

不管我們覺得星星看起來多閃亮，和白天的景色相比，它們還是暗淡許多。在提高相機的 ISO 感光度和拉長曝光時間（30 秒以上）後，將相機架在三腳架上，並將焦距設定為無限遠。最後，再用遙控快門拍攝試試看！

即使用固定拍攝，也能拍出各種照片

如果曝光時間長到 5 ～ 10 分鐘，拍出來的星空周日運動照片上，星星的顏色五彩繽紛，真的很美哦。把曝光時間設定為 30 ～ 60 秒之間，拍出點狀的星座排列照片也很不錯。留一點點畫面把地球的風景和星星拍在一起，這樣的星空照片會讓人感覺星星近在身旁。

用攜帶式赤道儀做更進階的星空攝影

如果把相機安裝在攜帶式赤道儀上，即使設定長時間曝光，星相也會變成一個點，這樣就能拍攝到更多原本暗得很難拍到的天體。再接下來，可以試著用長焦鏡頭瞄準拍攝獵戶座大星雲、昴宿星團和仙女座星系等較暗的天體。

小知識 如果把看到的星空拍成照片，就能搭配照片來研究星星了。

為什麼知道地球是圓的？

關於地球形狀的知識

人類藉由攀登到高山上或從船上
觀察地平面的樣子，想像出地球的形狀。

一看就懂！**3** 個重點

早在古希臘時代，人們就知道地球是圓的
古希臘哲學家亞里斯多德所寫的《論天》中提到，只有在北方和南方才能看到的星星，以及月食時在月球上映照出來的地球影子是圓的等等，這些都是能夠證明「地球是圓的」的證據。

在愈高的燈塔上就能看得愈遠
如果地球是平的，只要前方沒有障礙物，無論地面高低，不管多遠的東西應該都看得見才對。然而實際去嘗試的話，會發現人能看見的範圍是有限的，愈高的燈塔就能看到更遠的船隻。所以人們才開始思考起地球會不會是圓的。

當船駛近，遠方的山是從尖點開始慢慢出現的
當一艘船靠近陸地時，如果仔細觀察，會發現遠方的東西是從頂端開始一個個地出現，好像它們是從海的另一邊升上來的一樣。既然不是陸地在升高，那麼就只能從「地球是圓的」的方向去研究了。

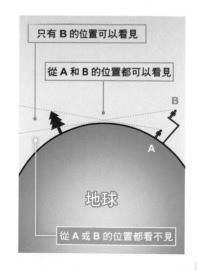

只有 B 的位置可以看見

從 A 和 B 的位置都可以看見

B

A

地球

從 A 或 B 的位置都看不見

星
星

宇
宙

行
星

地
球

太
陽

月
球

星
系

宇
宙
探
索

小知識 事實上，地球並不是一個完美的球體，而是在靠近赤道的方向逐漸略微凸起。

天動說是什麼？

〈關於天動說的知識〉

古代的人們曾經認為所有的星星
都圍繞著地球轉，這就是天動說。

一看就懂！**3** 個重點

宇宙的中心就是地球的中心
古希臘的亞里斯多德曾經認為宇宙的中心就在地球的中心，所有的星星都藉由以太來圍繞中心旋轉。也就是說，星星繞著地球轉。這種觀點被納入基督教教義，長久存在於人類的歷史中。

在天動說理論中，恆星不會出現視差
如果地球會移動的話，每個季節或每年，星星出現的角度都應該會稍微有一點不同才對，這叫做恆星視差。但當時的觀測技術不夠發達，沒辦法觀測出不同，所以人們就更相信天動說了。

行星的逆行很難說明白
在相信天動說的同時，很多人都知道行星有時會和其他恆星以相反的方向運動。於是古羅馬的托勒密在天動說裡，增加了本輪、外旋輪線和均衡點（太陽速度看起來會是恆定的假設中心位置）等等理論，用來改進跟解釋天動說。

〈行星的運動〉

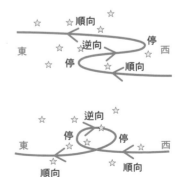

小知識 克卜勒（Kepler）對天動說抱持完全否定的立場。哥白尼倒是用過幾次本輪方程式。

哥白尼的地動說是什麼？

（關於地動說的知識）

地動說就是指地球繞著太陽轉的觀點，也稱為日心說。

一看就懂！3 個重點

大航海時代不可或缺的天文觀測
哥白尼出生於 15 世紀後半。當時正是歷史上的大航海時代，航海需要掌握精確的天體運動，但當時的天動說不只是本輪公式，還有偏心、外旋輪線之類的一大堆組合機制，況且也沒有辦法很詳細地解釋天體的運動。

地動說一開始是不能被人知道的秘密研究
哥白尼靈機一動，地球會不會是繞著太陽轉的呢？他開始仔細研究。但他是個非常小心的人，只在學者朋友之間的非公開報告上發表這個學說，地動說被他隱藏了 30 年，直到他過世前才正式發表了地動說的著作。

地動說和天動說的準確性不相上下
哥白尼的地動說雖然可以解釋為什麼行星逆行時，總是在太陽的另一邊，但還是需要本輪公式輔助，計算起來也很複雜。當時的地動說還不完善，因此哥白尼的書也沒有被禁。

〈哥白尼的地動說〉

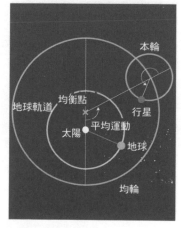

本輪
均衡點
地球軌道
行星
平均運動
太陽
地球
均輪

小知識 由於排除了不自然的外旋輪線公式，地動說很快在天文學家之間流傳了起來。

有人反對地動說嗎？

關於地動說遭到反對的知識

在可信的記載中，有一位叫布魯諾的修士
因為地動說而被燒死在火刑柱上。

一看就懂！3個重點

悲慘的修士
焦爾達諾・布魯諾（Giordano Bruno）是出生在義大利的修士。他是一名祭司，也是神學博士。但他在勤奮的學習中，漸漸對亞里斯多德理論產生了質疑。他被教會認為是危險的異端份子，只好逃往國外。

提倡地球自轉的人
布魯諾將哥白尼的地動說加以完善，提出了地球的自轉運動，也因此，天球才會有看起來像是在旋轉的現象。他也認為宇宙是無限廣闊的，星星之間沒有等級的分別。這個觀點影響了後來的第谷・布拉赫（Tycho Brahe）。

布魯諾的最後結局
後來布魯諾在他的家鄉義大利被捕，在獄中度過了7年之後，受到宗教審判所的異端審判。由於到了這個地步，他仍然不願意放棄地動說，最後被燒死在火刑柱上。據說屍體最後還被扔到河裡。真是太過份了。

焦爾達諾・布魯諾像

小知識 到了20世紀，天主教會終於接受了地動說。

地動說遭遇了什麼樣的批評？

關於地動說遭到批評的知識

各種各樣的批評！像是觀測不到周年運動的視差、和聖經裡說的不一樣……等等。

一看就懂！ 3 個重點

觀測不到恆星周年運動的視差

周年運動視差是指，太陽以外的恆星出現在天空中的位置會隨季節而變化。地動說本身雖然是從古希臘時代就已經提出，但恆星的距離實在太遠，當時的觀測技術也不夠好，觀測不到視差。長年以來，地動說不斷地被批評觀察不到周年運動視差。

如果地球在自轉……

在伽利略所寫的《天文對話》中，用一個人類的例子來解釋地球自轉理論不合理。他認為，假如地球真的在自轉，那地球上的人或東西應該都會被拋出去。飛在空中的鳥或雲，應該也會以超高速被甩到遠方去才對。

和聖經裡說的不一樣

16 世紀時，人們認為聖經裡的內容是真實發生過的，當時還有一位作風非常強硬的宗教改革家馬丁·路德。在聖經中，有一篇記述寫到上帝停止了太陽的運行，但在地動說裡，太陽一直就是不動的，這樣就和聖經的內容相違背了。

如果地球在旋轉，東西都會被拋出去

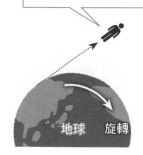

地球　　旋轉

地球上的東西沒有被拋出去，
是因為所有東西都和地球
一起自轉（慣性定律）

伽利略相信地動說嗎？

（關於伽利略的知識）

因為用望遠鏡發現了真相，所以他也相信了地動說是正確的。

一看就懂！**3**個重點

望遠鏡觀察到的結果

義大利的伽利略，很快地改進並製造出荷蘭發明的望遠鏡。他用自製的望遠鏡發現了月球上的隕石撞擊坑、金星的圓缺、發現了木星的四大衛星、銀河是由很多很多星星組成的，以及太陽黑子。

從發現衛星到地動說

地球之外的行星—木星，有不只一個衛星在繞著它轉，這是很不得了的大發現。在當時人們的想法中，如果地球在宇宙中並不具什麼特殊身份，那麼，地球和其他行星一起圍繞太陽旋轉的地動說很可能就是正確的。

金星的圓缺也證明了地動說

金星的圓缺現象能夠很好地說明金星是一顆內行星（比地球更靠近太陽的行星）。但伽利略得知布魯諾被燒死在火刑柱上後，在宗教審判之下，他只好哭哭啼啼地發誓放棄地動說。

〈金星的圓缺現象〉

看不見
太陽
日落後西方天空
白天時東方天空
看不見
金星
最大視角
地球

小知識　伽利略晚年失去了工作，兩眼失明並被軟禁起來，但他頑強地活到了 77 歲。

地動說是怎麼得到認可的呢？

（關於完美地動說的知識）

最後靠的是準確的觀測，
再加上靈光一閃解決了一切。

一看就懂！ **3** 個重點

第谷·布拉赫的觀測結果

丹麥的第谷·布拉赫雖然沒有使用望遠鏡，但他使用製作得極度精確的六分儀和象限儀，以它們進行最精細的天文觀測。他留下了極為大量的精準觀測結果，這些觀測資料由克卜勒接手，最後為地動說的完善做出了偉大的貢獻。

相信觀測結果的克卜勒

克卜勒曾經擔任第谷的助手一段時間，對第谷在觀測上的準確性和熱情抱持絕對的敬重。為了完善地動說，他做了各種假設進行計算，卻都無法順利獲得進展。即使如此，他仍然堅定相信第谷的觀測結果。

一個小發現，解決大問題

克卜勒發現，如果把哥白尼提出的圓形軌道理論改成橢圓形的，那麼一切計算結果就都對上了。接著他還發現了克卜勒天體三定律。到了這個階段，地動說才終於能夠用比天動說更加精準的理論來解釋天體運動了。

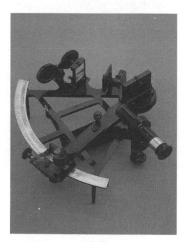

六分儀

小知識 克卜勒定律後來由牛頓組織成力學理論，古典物理學就這麼完成了。

行星是什麼？

關於地球的行星朋友們的知識

行星是圍繞太陽旋轉的天體，
包括地球在內，共有八顆。

一看就懂！ 3 個重點

在恆星周圍繞著轉的天體
行星是一種會圍繞一顆主星，也就是恆星，而旋轉的球形天體。在太陽系中，有 8 顆行星繞著太陽進行公轉。離太陽最近的行星是水星，離得最遠的是海王星，地球是離太陽第三近的行星。

4 個地球型行星
離太陽最近的 4 顆行星被稱為類地球行星，是中央以金屬為核心、外表由堅硬的岩石構成的天體。大小方面，比起木星型來較小。另一方面，類地球行星繞太陽公轉的速度比木星型的要快。

4 個木星型行星
離太陽較遠的外側，一樣有 4 顆巨大的行星在旋轉。木星和土星是大型行星，中央有一個岩石或金屬核心，星球的本體是由氣體組成。天王星和海王星也是，以金屬為核心，本體由氣體和冰組成。它們的公轉周期都很長。

〈行星大小比較〉

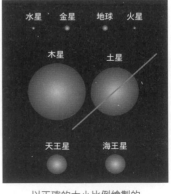

以正確的大小比例繪製的
太陽系八顆行星

小知識 在日文裡，是把「Planet」（行星）寫成「惑星」。

行星是怎麼誕生的？

關於行星誕生的知識

原始太陽形成後，周遭圍繞它旋轉的氣體和塵埃慢慢地凝聚成了行星。

一看就懂！3 個重點

原始太陽與原始太陽系星雲
大約 50 億年前，太空中的氫氣或其他氣體、直徑數微米（μm）的岩石顆粒、冰等等細小塵埃，開始慢慢聚集起來。原始太陽就這麼出現了。原始太陽形成之後，它周圍的氣體和塵埃又繼續聚集，形成了原始太陽系星雲。

在原始太陽系星雲中，開始形成行星
當原始太陽形成，圍繞它旋轉的氣體和塵埃開始一點點聚集，形成了行星的起源。這些微型行星，叫做星子。星子會不斷地和其他的星子或塵埃互相撞擊，凝結成長為更大的行星。

「雪線」是行星區分為地球型或木星型的分線
雪線指的是水變成蒸汽、或者水結成冰的界線。在雪線分界的前方，更靠近太陽一側的行星，由於氣體被太陽吹走了，所以成了很堅硬的岩石型行星。位置在雪線之外的行星就有很多是由氣體組成的巨大行星。

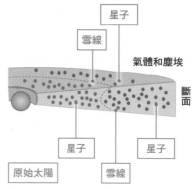

〈原始太陽系星雲的結構〉

星子
雪線
氣體和塵埃
斷面
星子
星子
原始太陽
雪線

這是原始太陽系星雲某個部分的剖視圖。
在原始太陽的周圍形成了很多星子

小知識 雪線是水昇華的溫度邊界。

行星、衛星、恆星有什麼不同？

〔關於太陽系天體的知識〕

行星圍繞恆星運行，衛星圍繞行星等天體周圍繞行。

一看就懂！ 3 個重點

行星是在恆星旁邊繞轉的天體
恆星是透過核融合反應而能夠自行發光和發熱，展現出閃耀外觀的天體。夜空中肉眼可見的星星，大部分都是恆星。而行星是在它們旁邊繞行的天體。行星本身不會發光，它們是藉由反射恆星的光而變亮。

衛星是圍繞行星旁邊旋轉的天體
衛星是圍繞行星或矮行星運行的天體。月球因為是地球的衛星，所以它會繞著地球轉。相較之下，月球是偏大的衛星，比矮行星冥王星還大。

太陽系有 1 顆恆星和 216 顆衛星
太陽系中只有太陽唯一一顆恆星，另外有 8 顆行星。截至目前，繞著太陽系各行星、矮行星轉的衛星，總共發現了 216 個衛星。光是木星就有 80 顆衛星，其中最大的衛星木衛三，比水星還大。

〈太陽系的主要衛星〉

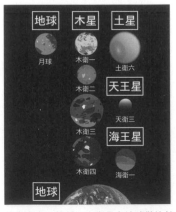

地球	木星	土星
月球	木衛一	土衛六
	木衛二	天王星
	木衛三	天衛三
	木衛四	海王星
地球		海衛一

依大小序，把前 8 名衛星和地球做比較

小知識 木星的衛星是伽利略在 400 年前發現的。

星星　宇宙　行星　地球　太陽　月球　星系　宇宙探索

離地球最近的
行星是？

關於離地球較近的行星的知識

由於地球圍繞太陽旋轉，
因此各個行星都有可能是最近的。

一看就懂！ 3 個重點

最近的是火星還是金星？
緊靠在地球旁邊繞行太陽的行星，就是火星和金星了。在所謂的大接近期間，火星會近到離地球只有 5700 萬公里。另一方面，當金星最靠近時，它的距離大約為 4200 萬公里。這是金星和火星離地球的遠近順序。

其實水星才是離地球最近的嗎？
確實有觀點認為水星才是實際上離地球最近的行星。水星的軌道周期很快，因此它很常離地球很近。如果考慮到這一點來合併計算平均距離，那麼水星就會比金星更靠近地球。

水星和所有行星都最為靠近
按照這種思路，水星就會是距離所有其他行星最近的行星了。雖然是有這樣的算法，但還是可以把金星第一近、火星第二近當成基本原則。

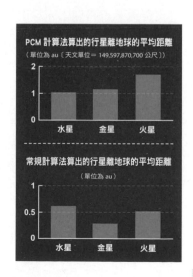

PCM 計算法算出的行星離地球的平均距離
（單位為 au〔天文單位＝ 149,597,870,700 公尺〕）

水星　金星　火星

常規計算法算出的行星離地球的平均距離
（單位為 au）

水星　金星　火星

小知識　行星之間最接近的周期叫做「會合周期」。

47

宇宙中有多少個行星呢？

（關於太陽系外行星的知識）

目前已經發現了將近 5000 個太陽系外行星。

一看就懂！3 個重點

由於太空望遠鏡的進步而發現更多系外行星
遠在太陽系之外的行星被稱為系外行星。近年由於太空望遠鏡的活躍表現，截至 2022 年 4 月，已經發現了近 5000 個系外行星。太空望遠鏡是一種發射到外太空中，再從地球遙控操作的望遠鏡。

用太空望遠鏡檢測出光線的微小變化
想要自行觀測系外行星是非常困難的。因為遙遠的恆星本身的光已經遠到非常微弱，而行星本身的體積又更小。所能做到的觀測，是在系外行星經過它們的母星時，遮到了一下下光線，光線的變化非常微小，但確實能夠捕捉到系外行星的痕跡。

最近的系外行星是比鄰星 b
在距離太陽最近的恆星比鄰星系中，也發現了一顆行星。比鄰星是一顆紅矮星，身為恆星它顯得又小又暗，但也足夠大到容納一顆行星了。由於母星很小，行星比鄰星 b 在離它很近的地方公轉。

系外行星 2M1207b 的照片
（左下小天體）。
這是人類第一次拍攝到的系外行星

小知識 探索系外行星的方式有非常非常多種。

行星有可能變成恆星嗎？

關於雙星和棕矮星的知識

恆星和行星一旦形成，性質就不會再改變了。

一看就懂！**3**個重點

恆星和行星是完全不同的天體
恆星會發生核融合反應，自己就能發光，但行星本身是不會發光的。由於形成的方式不同，一旦形成天體就不會變成另一種天體。但也有恆星圍繞恆星公轉的例子，或是形成到一半，沒辦法成為恆星的行星。

恆星中有 1/4 是「雙星」
恆星圍繞恆星公轉的狀態我們稱為「雙星」系統。夜空中有大約 1/4 的恆星很可能都是雙星。我們的太陽在很久以前，可能也曾經是雙星。天狼星也是由伴星 B 圍繞主星 A 公轉的雙星系統。

棕矮星和木星
在形成的期間沒有聚集出足夠大量的星際氣體，最後無法激發出核融合反應的天體，就是我們說的「棕矮星」。它有可能會和另一顆明亮的主星成為雙星，也可能會是某個系外行星的主星。木星是比棕矮星小很多的氣體型天體。

〈天狼星 A 和 B 的想像圖〉

↓ 天狼星 A

↑ 天狼星 B

哈伯太空望遠鏡拍攝的天狼星 A 和它的伴星天狼星 B（左下白點）

小知識 質量超過木星質量 13 倍的氣態天體稱為棕矮星。

小行星是什麼？

關於太陽系小型天體的知識

小行星大多在地球、火星和木星之間進行公轉。

一看就懂！3 個重點

小行星是大量存在於火星和木星之間的天體

小行星指的是一種既不是行星，也不是矮行星，就算靠近太陽時，也不會像彗星一樣留下軌跡的天體。由於天體本身很小，它們甚至大多不是球形的。在火星和木星之間以及木星的軌道上，都發現了許多小行星。

比海王星更遠的區域也有小行星

在海王星外側，有一個叫做古柏帶（Edgeworth-Kuiper belt）的地方，那裡是許多小天體聚集和進行公轉的地方。這裡的天體被稱為「海王星外天體（TNO）」，把所有相當於小行星的天體都包含在內。

矮行星和小行星

矮行星比小行星大非常多，外表呈球形或接近球形。以前曾經被認為是行星的冥王星，或是位於小行星帶的穀神星都是矮行星。太陽系中的小天體有各種各樣的名稱，並沒有特別規定的稱呼。

〈小行星體分布〉

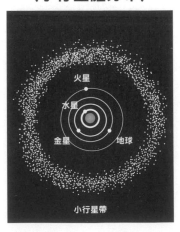

小知識 日本的隼鳥 1 號和隼鳥 2 號抵達了系川小行星和龍宮小行星。

太陽是在什麼時候、怎麼形成的呢？

（關於太陽誕生的知識）

大約 50 億年前，氫氣聚集在一起捲起漩渦，在漩渦中發生了核融合反應。

一看就懂！**3** 個重點

太陽形成之前

到大約 50 億年前，像太陽或地球這樣的行星都還不存在，那時這個地方只有很多氫氣和宇宙塵埃。氫氣的力量雖然非常微弱，但它們因為引力的作用聚集在一起，受到附近銀河系磁場等等各種影響下，開始流動，形成一個巨大的漩渦。

壓縮發生高熱，引起了核融合反應

一旦漩渦開始捲動，宇宙空間裡氫氣等物質的引力就會使它們不斷往中心聚集。聚集本身不會有發光效果，但當它更進一步往內聚集時，被擠在中央的氫氣被壓縮凝結成球型，壓力逐漸升高，溫度上升。然後中心部的 4 個氫原子結合形成了一個氦原子，啟動了核融合反應。

核融合反應開始時，太陽就誕生了

核融合會產生大量的光能和熱能。太陽就是從這種核融合反應中誕生的。這是距今大約 50 億年前發生的事。

〈太陽的誕生〉

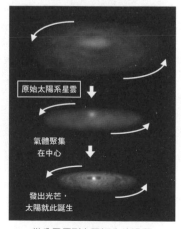

原始太陽系星雲

氣體聚集在中心

發出光芒，太陽就此誕生

從分子雲到太陽誕生的過程

小知識 宇宙中散布著恆星爆炸而噴發出來的氫氣和宇宙塵埃。

星星
宇宙
行星
地球
太陽
月球
星系
宇宙探索

太陽是由什麼組成的？

（關於太陽的成分的知識）

太陽是一團氣體，含有大約 75% 的氫氣、大約 25% 的氦氣和其他微量元素。

一看就懂！3 個重點

太陽是一大團氣體

太陽被認為是由宇宙空間中的氫氣聚集並不斷擴大而形成的。如果我們仔細分析太陽的照片，會發現太陽愈邊緣的地方就愈暗淡，所以能明白，太陽並不像地球一樣由許多岩石所形成，而是氣體的聚集體。

把陽光分開來加以研究也能知道太陽的成分

當陽光穿過由透明材料製成的多面體（稜鏡）時，它會產生光帶（光譜）。這條光帶不僅能分成從紫色到紅色的光，中間還有一些黑色的線條。在這些黑線的位置，我們可以知道含有氫以及氦。（太陽表面有 95.1% 的氫和 4.8% 的氦。）

太陽的中心是氦

太陽中央部分的超高壓力和溫度引起了核融合反應，也形成了氦，這個過程中會產生無比巨大的能量。

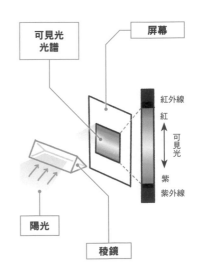

可見光光譜
屏幕
紅外線
紅
可見光
紫
紫外線
陽光
稜鏡

小知識 光譜觀測可以用來研究太陽表面的溫度、密度和能量。

太陽的溫度大概有幾度呢？

（關於太陽溫度的知識）

研究陽光後可以發現，
太陽表面的溫度約為 6000℃。

星星
宇宙
行星
地球
太陽
月球
星系
宇宙探索

一看就懂！ **3** 個重點

研究太陽的溫度
分析研究太陽發出的光的光譜，就能了解太陽的溫度。用分光光度計來把陽光裡含有的光線列成光譜，比較每種顏色（光的波長）的強度。接著在專門的實驗室實地模擬比較溫度和光的波長，就能推測出太陽表面的溫度了。

表面溫度約為 6000℃
透過觀察陽光的光譜，會發現波長短的藍光愈強時溫度愈高，波長長的紅光愈強時溫度愈低。我們經常接觸到的蠟燭火燄，藍白色部分的溫度會比火燄中橘色的部分更熱，這和陽光的波長是同樣的原理。

中心溫度估計為 1600 萬℃
進行同樣的分析後，可以知道太陽黑子的溫度是4000 ～ 4500℃，比周圍的溫度低，所以它看起來才會是黑色的。太陽中心的溫度就不能用光譜來計算，而要用太陽傳過來的能量大小以及太陽的成分和重量加以計算，目前能知道太陽中心位置的溫度有 1600 萬℃。

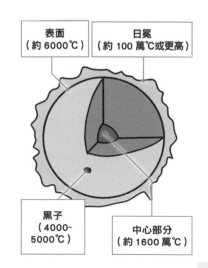

表面
（約 6000℃）

日冕
（約 100 萬℃或更高）

黑子
（4000~
5000℃）

中心部分
（約 1600 萬℃）

小知識 紅色的心宿二的表面溫度約為 3500℃，白色的織女星的表面溫度約為 9500℃。

太陽大概有多大呢？

（關於太陽大小的知識）

太陽的赤道直徑大約有 139.2 萬公里，約為地球的 109 倍，月球的 400 倍左右。

一看就懂！**3** 個重點

如果把地球比作一顆彈珠，那麼太陽的直徑就會是 1 公尺
太陽在外觀上的角度（角直徑）雖然只有 0.5°，但它的直徑可是有大概 139.2 萬公里。它是太陽系中最大的天體。在太陽表面可以看到太陽黑子，一個大一些的太陽黑子，大小就足以容納整個地球。

先得出距離，就能計算出大小
測量地球和某個天體之間的距離時，會使用到雷達。可是太陽不反射雷達，所以先要測量金星和地球的距離。然後利用金星會合周期和克卜勒定律的公式，求出到太陽的距離，最後再測量太陽的外觀視角，才能夠進一步計算出太陽的直徑。

一顆紅色恆星就比太陽還大
靠近太陽系的恆星，可以使用一種叫做干涉儀的裝置來直接測出大小。獵戶座閃亮的紅色星星參宿四，它的尺寸是太陽的 1000 倍。

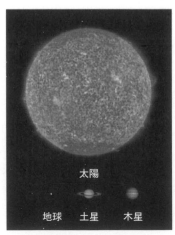

太陽

地球 土星 木星

如果直徑大 100 倍，
體積就會大 100 萬倍。

小知識 想知道遙遠的恆星大小時，需要根據它的表面溫度、外觀亮度、距離等資訊來計算。

星星
宇宙
行星
地球
太陽
月球
星系
宇宙探索

太陽的質量是多少？

（關於太陽質量的知識）

太陽的質量約為 2.0×10^{30} 公斤，是地球的 33 萬倍。佔了整個太陽系的 99.8%。

一看就懂！**3** 個重點

2.0×10^{30}kg 大概是多重？
2.0 乘以 10 的 30 次方，30 叫做次方。如果不用次方來寫，就是一整排總共 30 個「0」。平常看到的汽車大約是 1000 公斤，有 3 個 0，大卡車約 10000 公斤，有 4 個 0。太陽有 30 個 0 那麼重！

這是怎麼計算出來的呢？
因為太陽離地球很遠，我們無法直接測量太陽的大小。但是由於地球繞著太陽轉，所以可以運用克卜勒第三定律和牛頓萬有引力定律的公式來計算出太陽的質量。

大小是地球的 109 倍，質量是 33 萬倍
如果太陽和地球一樣，是由許多岩石構成的話，那麼它的質量應該要有地球的 130 萬倍。但由於太陽是一團氣體，以它的大小來說，算是很輕的了。

〈計算太陽質量的步驟〉

求出地球的直徑
↓
求出地球到月球的距離
↓ 用半月的照片來求出到太陽的距離
↓
得出地球到太陽的距離
↓ 標準重力參數　　↓ 太陽角直徑
得出太陽的質量　　得出太陽的半徑

小知識 質量愈大，引力就會愈大。

太陽會不會自轉呢？

關於太陽自轉的知識

太陽黑子會從東向西移動，表示太陽確實在自轉。

一看就懂！ 3 個重點

大約 400 年前，伽利略從太陽黑子的運動中發現太陽會自轉
1613 年，天文學家伽利略把觀測到的太陽黑子畫了下來，發現了太陽黑子的運動。他繼續觀察之後，發現太陽黑子會慢慢地往太陽的邊緣移動，大約 27 天後，同一個太陽黑子又會回到原來的位置。這正是太陽在進行自轉的證據。

奇異的自轉周期
由於太陽的自轉運動，太陽黑子在太陽表面從東向西移動。重點仔細觀測的話，會發現很不可思議地，在赤道附近周期最短，約 25 天回到原來位置，而緯度愈高，周期就跟著變長，到太陽的兩極附近時，自轉周期大約要 31 天。

從自轉周期的不同，再次證明太陽是氣態天體
從太陽的自轉周期會隨緯度變化的特徵，我們可以再次明白太陽是一種流體而不是固態。此外，也因為自轉速度的差異，會擾亂磁場並使磁力線變形，於是出現了太陽黑子和日珥等現象。

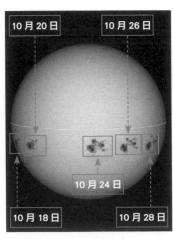

10 月 20 日　　10 月 26 日

10 月 24 日

10 月 18 日　　10 月 28 日

© 日本國立天文台

小知識 太陽的自轉週期約為 25 天，但從同時在公轉的地球上觀測太陽，看起來會有 27 天。

太陽有磁場嗎？

（關於太陽磁場的知識）

太陽內部會產生磁場，但與地球不同的是，它的磁場非常複雜。

一看就懂！**3** 個重點

太陽磁場具有複雜的結構

地球本身就是一塊大磁鐵，無論走到哪裡，N 極都會朝向北方。太陽也會在內部產生磁場，整體來說，在極方向上，它確實有分北極和南極，但內部的磁力線團會慢慢浮出表面，形成極複雜的磁場。

太陽表面也有 N、S 南北兩極

太陽表面浮出強磁力線的位置會出現黑點。此外，磁力線超出光球層出來的部分，就形成了日珥。此外，利用鐵的吸光譜線來進行觀測，證實了在黑點之間，N、S 極會成對出現。

N 極和 S 極以約 11 年為周期互換

太陽的北極區和南極區，確實存在 N 極和 S 極。但是，隨著太陽活動周期的影響，太陽黑子大約每 11 年交替增減，整個太陽和太陽黑子的南北兩極會跟著互相調換位置。原因到現在還無法解開。

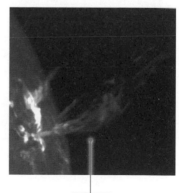

日珥

小知識 在太陽表面，可以因為對流看到顆粒狀的斑點，這樣的地方也產生了磁場。

月球是怎麼誕生的？

關於月球誕生的知識

目前最有力的假設，認為月球誕生於 46 億年前地球的一次天體撞擊。

一看就懂！ 3 個重點

人類目前還無法知道事實的真相

事實上，月球的誕生是目前人類還無法解開的謎團之一。但近年來有一種理論，認為月球是在地球剛誕生不久，由地球與另一天體碰撞形成（大碰撞論），這是目前最有力的月球誕生理論。

和月球誕生相關的 5 個謎團

為什麼月球比一般的衛星大？為什麼月球的形狀很接近球體？為什麼月球表面的岩石年份與地球差不多？為什麼月球整體的密度比地球小？……考慮到這些問題，能夠提出相對合理解釋的大碰撞理論，成了目前人們認為最具可信度的說法。

未來還有很多可以探索的空間

大碰撞理論雖然解釋了一部分謎團，但還有很多無法詳細解釋的部分，關於月球是怎麼誕生的，還必須等待未來的研究解答。

大碰撞的想像畫面

小知識 各種神話中也有很多關於月亮起源的故事，像是月球是天神的右眼等等。

月球大概有多大呢？

（關於月球大小的知識）

月球的直徑大約是地球的 1/4，重量（質量）是地球的 1/80，表面重力是地球的 1/6。

一看就懂！ 3 個重點

從很遠的地方同時觀測地球和月球來計算距離
即使不使用現代的測量儀器，如果在同一天的同一時間，從地球上盡可能遠的兩個地點觀測月球、測定它的可見視角，就可以運用三角測量的計算順序求出月球和地球的距離。

知道距離就能知道大小尺寸
物體在遠的地方看起來就顯得小，靠近了就顯得大。利用這一點，我們可以從外觀上的大小隨著距離改變的比例，計算出實際上的尺寸。根據這個計算方式，算出月球的直徑有 3474 公里，大概是地球的 1/4。

知道運行軌跡就能算出重量
利用牛頓發現的萬有引力定律，可以用一個物體運動的軌道和速度，來計算出物體實際上的重量。計算後的結果顯示，月球的重量約為地球的 1/80（約 7000 quintillion〔百京〕）。月球表面的重力約為地球的 1/6。

月球的直徑大約是地球的 1/4

小知識 月球看起來像一個完美的圓形，但如果更仔細地測量，會發現它是在赤道處略大的洋梨型。

月球內部是什麼樣子？

（關於月球組成的知識）

月球主要由與地球相同的岩石組成，和地球非常相似哦。

一看就懂！**3** 個重點

月球表面的岩石成分和地球相同，但整體比重不一樣

月球和地球一樣，是一個主要由岩石構成的天體。當然，月球也有很多和地球不同的地方，月球地表岩石的成分與地球很接近，但以天體的總密度（g/cm³）來說，月球為 3.3，地球為 5.5，月球輕了很多，表示月球的內部和地球很不一樣。

月球的星核是比較輕？還是比較小？

對密度影響最大的，是我們稱為「星核」的部分。整體的總密度比較低，表示月球的星核可能是較輕的元素組成的，或是一樣的成分，但比較小。目前較多人認同的，是月球的星核比地球的小。

月球也像地球一樣是一層層包起來的

科學家們調查月球上發生的地震波是如何傳播的，再觀察月球旋轉和變形的狀態、還用探測器去調查月球內部的密度等等，綜合所有調查結果後知道，月球星核的外面是地函，最外面才是地殼。

〈月球內部結構〉

地殼

地函

下部地函

外核（熔融態）　內核（單獨個體）

星核分為內核和外核

小知識　「阿波羅計畫」時在月球上安裝了地震儀，觀測到月球上也會發生地震。

星星　宇宙　行星　地球　太陽　月球　星系　宇宙探索

月球上有空氣嗎？

關於月球空氣的知識

月球沒有與地球相同的空氣，
因為它從一開始就沒有大氣層。

一看就懂！ 3 個重點

從地球上就能觀測到月球沒有空氣

如果月球有大氣層，被包在裡面的氣流會有塵埃漂浮在空中，導致光的散射，讓月球看起來變得模糊。可是我們在晴朗的晚上，可以看到很清晰的月亮。這就是月球沒有大氣層的證據。

月球因為重力很弱，所以沒有大氣層

有一些理論認為，月球原本應該是有大氣層的。在月球剛形成的時候，它是一大團灼熱的熔岩和岩漿，雖然也會有一層氣體包覆，但因為月球的引力微弱，氣體很快就散掉了。

月球地表下面可能有空氣

如果很久以前月球真的有過大氣層，空氣的痕跡也許會留在地表下方。說不定有月球的古代空氣被封在了地底的岩石中。如果能找到月球的空氣遺跡，一定會是解開月球誕生秘密的超級線索。

月球沒有大氣層
© 日本國立天文台

小知識 在「阿波羅計畫」中，曾將地球的空氣帶到月球上。

月球上的溫度大概是幾度呢？

（關於月球溫度的知識）

月球表面溫度白天約為 110°C，
夜間約為 -170°C。

一看就懂！ 3 個重點

表面溫度指的是月球地面的溫度
在地球上如果有人問：「今天的溫度是幾度？」問的一定是氣溫，也就是空氣的溫度，但是月球不像地球那樣有一層空氣，所以月球並沒有氣溫這個說法。月球的表面溫度要看月球的地面含有多少熱能而定。

月球的熱源是太陽
溫暖月球表面的能量就是太陽。但因為月球不像地球有大氣層，大氣層可以減弱調節太陽的能量，月球也沒有磁場屏障，所以月球在曬到太陽時，溫度會急遽升高。

月球的溫差很大
大熱天去海邊玩時，被太陽曬熱的沙子熱到快要把人燙傷的程度。但躲到陰影下時，又會覺得特別陰涼。在月球上，就是像這樣溫度落差強烈無數倍的情形。結果就是，月球曬到陽光多的赤道區域、和陽光少的南北極區域，溫差有 200°C 那麼多。

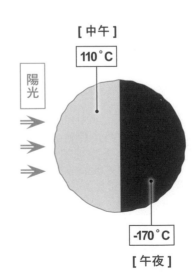

[中午]
110°C
陽光
-170°C
[午夜]

小知識 航行在宇宙中的太空船，在陽光下也會變得非常熱，所以必須不停轉動來調節散熱。

月球上的坑洞是怎麼來的？

（關於月球表面坑洞的知識）

月球上的坑洞，研究判斷是隕石撞擊留下的。

一看就懂！ **3** 個重點

被撞出來的坑洞
隕石坑是隕石撞擊地殼表面後形成的。找一塊代替地面的平面，再用堅硬的東西擊打它，就會出現像隕石坑一樣的形狀，任何人都可以輕易地用這個實驗來驗證。

月面坑洞不是火山口
雖然有類似這樣的圓形坑洞地貌，還有因火山爆發後下陷形成的破火山口，但是月球的地底並不存在能夠成為火山岩漿的熱能層，月球很可能只有在形成期的一小段時間裡有過火山，所以月面上的坑洞不會是火山口。

現在也還在出現新的隕石坑
即使現在，每天都仍有不到 1 公克的微小隕石落在月球上，不斷地形成一個個的微小隕石坑。2013 年，有好幾顆重達數十公斤的隕石掉在月球上，研究機構觀測到其中有一顆隕石在月面上形成了約 40 公尺的隕石坑。

月球的地殼上有很多隕石坑
© 日本國立天文台

 小知識 地球上也有隕石坑，最大的是南非的弗里德堡隕石坑（Vredefort Dome）。

月球上最大的坑洞有多大？

（關於月球上最大坑洞的知識）

月球上最大的隕石坑是赫茲史普隕石坑（Hertzsprung，約 536 公里）。

一看就懂！ **3** 個重點

它在月球的哪裡呢？

很可惜的是，從地球上是看不到這個隕石坑的。它圓形部分的直徑約有 536 公里，這個長度相當於從日本東京到岡山的直線距離。

名字的由來

月球的隕石坑，都是來自天文學家們的名字。這個隕石坑是以丹麥天文學家埃納‧赫茲史普（Einar Herzsprung）的名字來命名。

為什麼隕石坑可以保留這麼久？

月球沒有液態的水，所以地殼不會被侵蝕，月球上也沒有大氣層，所以隕石坑不會因為氣流而風化和被侵蝕。這些很久很久以前撞擊出來的巨大隕石坑，以原來的模樣保留下來，讓我們有機會能夠觀測到。

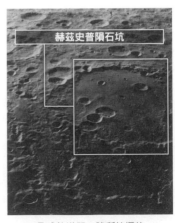

赫茲史普隕石坑

月球軌道器 5 號所拍攝的
赫茲史普隕石坑

小知識 從地球上能看到的最顯眼的月面隕石坑是第谷隕石坑（直徑約 85 公里）。

要怎麼調查月球和行星呢？

關於調查行星的方法的知識

就算不登陸調查，把探測器送到目的地附近調查，也能知道很多事哦。

一看就懂！ 3 個重點

首先，可以把探測器派到目的行星附近，調查行星的狀態
我們會把探測器送到想要調查的行星附近，探測器拍到的照片檔案會用電波傳回地球。有了照片，就能模擬畫出行星的表面地圖了。探測器可以設定軌道，繞著行星運行，進行長時間的觀測記錄，還可以用雷射高度計詳細地測定出行星的地形。

什麼是遙感探測？
遙感探測，也就是遠端感測，是一種使用傳感器從遠處檢測事物的技術。讓太空探測器很近地經過或繞行在行星周圍，探測器上的傳感器就能捕捉和分析行星發射和反射的光、紅外線和無線電波，這樣就能知道行星的大氣層和地表淺層物質的狀態和成分。它還可以測量行星的重力和磁場。

需要更詳細探查時，探測器也可以降落到行星上
要駕駛太空船安全著陸到行星上是很困難的事。但如果太空人或探測車（搭載了觀測設備的無人漫遊車）能夠著陸，直接進行測量和採樣，可以讓我們了解更多行星的資訊。

土星探測器卡西尼號（Cassini）

 小知識　人類第一次使用遙感探測，是將探測器送往地球上人類無法到達的地方，並繪製出當地的地圖。

星星　宇宙　行星　地球　太陽　月球　星系　宇宙探索

第一部行星探測器是去哪裡探索呢？

關於人類第一次探測的行星的知識

太空探測的第一步，是從探索離地球很近的月球開始的！

一看就懂！3 個重點

人類第一次向太空發射了探測器，是在 1950 年代末

1959 年，蘇聯的太空飛行器月球 2 號，以半墜落的方式率先登陸月球。後來，月球 3 號正式登陸了月球，並飛到月球的背面拍攝照片，再以無線電波將檔案發送到地球。這時，人類才第一次看到月球的背面。第一次行星探索是在 1962 年，由美國水手 2 號進行的金星探測。

人類第一個得到的行星探測樣本是來自月球的岩石

「Sample Return」（採樣返回）是指從地球以外的天體採集樣本並將樣本帶回地球。1969 年，阿波羅 11 號成功登陸月球，這是人類第一次登上月球。當時的行動帶回了大約 11 公斤的月球岩石。1970 年，蘇聯的無人探測器月球 16 號從月球帶回了 101 公克地表土壤。

即使是去最近的月球，也耗費慘重

因為月球離地球很近，太空船的燃料、或使用光速電波傳送檔案的時間，都能省下不少。但即使如此，人類在第一次登陸月球之前，還是發射了很多部無人探測器，盡量收集資訊，好好研究過月球，確定登陸月球的安全性。

拍攝到第一張月球背面照片的月球 3 號

 小知識 使用無人探測器，能夠在進行人工探索之前先取得各種所需資訊。

火星探測器調查到了什麼？

（關於火星探測的知識）

100 年前，人們相信火星上有運河和火星人，其實火星是一顆幾乎只有岩石的行星。

一看就懂！ **3** 個重點

在火星上發現以前有水流過的地貌，目前正在調查是否曾經存在生命體

1960 年代以來，人類已經派出 40 多部無人探測器前往火星。1964 年，水手 4 號第一次成功拍攝火星，而有許多探測器都發現了火星地表上曾經有水流過。維京人 1 號和 2 號曾進行過生命體探測，但目前沒有找到生命體相關的線索。

詳細的地形圖和大氣觀測

2005 年發射的火星軌道人造衛星，不但提高了相機的像素，還使用雷射高度計重新繪製了更詳細的火星地形圖。此外，2013 年發射的 MAVAN（Mars Atmosphere and Volatile Evolution Mission）探測器掌握到的線索證明，火星的大氣層已經被太陽風吹散而消失了。

已經知道目前火星上仍然存在水

目前無人探測器仍在積極進行火星陸地探索。2007 年，鳳凰號在火星表層發現了水結成的冰。而毅力號火星探測器正在努力從乾涸的湖底收集岩石，準備將樣本帶回地球。

正在進行火星探測的毅力號無人探測器

小知識 水手 4 號曾在靠近火星約 1 萬公里的位置飛越，觀測到火星的大氣相當稀薄。

金星探測器調查到了什麼？

（關於金星探測的知識）

質量和大小與地球相似的姊妹星？現在我們已經能知道金星躲在厚厚的大氣層底下的真面目了。

一看就懂！3 個重點

被封鎖在厚厚的二氧化碳和硫酸雲層中的灼熱世界

1962 年，水手 2 號曾經接近金星進行探測，發現金星並沒有磁場或輻射帶。從 1967 年開始，蘇聯的金星 7 號～10 號陸續登陸金星，觀測到金星的地表溫度有 475℃，大氣壓力約為 90。水手 10 號探測出金星具有超級快的自轉速度，所以金星的上空永遠吹著秒速 100 公尺的強風。

我們看不到金星的地形

整個金星，從地表到上空 50 ～ 70 公里的高度，全都壟罩著黃色的濃硫酸雲，從外側完全看不到金星地表的模樣。1990 ～ 1994 年，美國麥哲倫號太空船利用可以穿透雲層的微波進行雷達觀測，記錄完成了金星上 98% 地貌的地形圖。

與地球完全不同的地形

和太陽系歷史相比，金星的地表較新，最多不會超過 10 億年。地表上還留著許多大火山和廣闊的熔岩平原。另外還發現了很多地球上沒有的奇怪結構的地形。

麥哲倫探測器尖端的天線
直徑為 3.7 公尺

小知識　日本的「破曉號」（あかつき, Akatsuki）無人探測器也在觀察金星的大氣層，試圖解開金星超快自轉速度之謎。

木星探測器
調查到了什麼？

關於木星探測的知識

自 1973 年以來，共有 9 架太空探測器前往木星。
木星也有行星環，表面的雲層和大氣層會劇烈湧動。

一看就懂！ 3 個重點

先鋒號 10 號、11 號、航海家 1 號、2 號近距離飛越木星上空
先鋒號拍到了很多木星的照片。航海家號就飛得更近了，觀測到木星的行星環、以及木星表面的條紋雲會從東到西朝相反的方向移動；還有，像一隻大眼睛似的「大紅斑」，其實是尺寸有兩個地球大小、像颱風一樣的雲層漩渦。

軌道探測器觀測結果
1995 ～ 2003 年，伽利略號探測器循著設定好的軌道繞木星運行，觀測了巨大的磁場和木星的大氣成分、溫度和風速。2016 年進入木星觀測軌道的朱諾號探測器則發現了大紅斑的深度達 500 公里，劇烈捲動的漩渦雲層和洶湧的大氣，比先前預想的更複雜。在木星的兩極還觀測到了強烈的極光。

木星的 4 顆伽利略衛星也持續受觀測
航海家 1 號確認衛星木衛一上有一座活火山，而航海家 2 號確認這座火山仍在繼續爆發中，造成木衛一的地表持續在變化。伽利略號靠近這 4 顆衛星，觀測木衛一上的火山活動以及其他衛星的狀態、磁場的變動等等。

朱諾號探測器拍攝到的木星大紅斑

小知識 4 顆伽利略衛星之一的「木衛二」，厚厚的冰層下可能有一片海洋。

星星
宇宙
行星
地球
太陽
月球
星系
宇宙探索

土星探測器 調查到了什麼？

（關於土星探測的知識）

看起來像一個圓圈的土星環，其真面目終於揭曉，原來土星和木星很相像。

一看就懂！ 3 個重點

土星極具特色的行星環，是好幾道細小冰粒排成的薄圓圈組成的
經由 1977 年航海家 1 號和 2 號探測器近距離飛越土星，以及 2004～2017 年的卡西尼號探測器在土星軌道上的觀測，人們明白了土星環的主要結構是冰，大小從幾微米到幾公尺的冰粒，密密麻麻地聚集而成。從側面看的話，這道環的厚度只有幾十公尺，非常的薄。

土星和木星很相像
卡西尼號持續發送回地球的數據，現在也還在持續分析中。土星和木星一樣，地表覆蓋著氫氣和氦氣以及甲烷和氨氣組成的雲層，並且也不斷發生湧動。在土星的兩極也觀測到了呈現環形的極光。

惠更斯號成功登陸土衛六
卡西尼號把一具叫做惠更斯號的探測艙投放到土衛六上，用來研究土衛六的大氣層，結果觀測到土衛六由氮氣組成的大氣層所降下的甲烷雨。這是人類首次觀測到地球以外的降雨現象。此外，甲烷形成的河流侵蝕了地貌，也匯成了湖泊和海洋。

卡西尼號拍攝到的照片，太陽正好隱藏在土星後面，只有土星環閃閃發光

小知識 惠更斯（Christiaan Huygens）是 17 世紀的物理學家，他發現了土星環和衛星土衛六。

能夠探測離地球更遠的地方嗎？

關於探索太陽系邊緣的知識

確實有探測器在調查太陽系中的天王星和海王星，還有更遠的太陽系邊緣哦。

一看就懂！ 3 個重點

航海家 1 號和 2 號已經飛離太陽系，繼續它們在恆星空間的旅程

1977 年人類先後發射了航海家 1 號和航海家 2 號，前往探測木星、土星，在完成探索行星的任務之後，它們分別朝著不同的方向繼續前進。2012 年航海家 1 號離開了太陽系，航海家 2 號在探測天王星和海王星後，也於 2018 年飛出了太陽系。

曾靠近天王星和海王星的只有航海家 2 號

航海家 2 號在 1986 年靠近了天王星，發現它有多個行星環，還新發現了 11 個衛星。天王星是太陽系中最冷的行星，地表溫度在 -200℃ 以下。1989 年它飛近海王星，發現了海王星有 5 個行星環和新的 6 個衛星，並在它的南半球發現了巨大的黑色漩渦。

探索遙遠太陽系邊緣的天體

新視野號探測器正在研究比海王星更遠的海王星外天體。2015 年，它接近冥王星並觀測到它豐富多變的地貌和大氣層。到目前為止，人類派出的探測器所觀測到最遠的天體，是一個叫做「小行星 486958」的雪球狀小天體。

離開太陽系，繼續旅程的航海家 1 號

小知識 海王星外天體被認為是太陽系在形成時所殘存下來的星子（微行星）。

星雲是什麼？

關於星雲的知識

星雲是一種可以用肉眼或透過小型望遠鏡隱約觀測到的、外太空中的氣態物質的集合體。

一看就懂！ **3** 個重點

星雲是由銀河系中的氣體和塵埃組成

當宇宙中的氣體和塵埃集合成一團，受到附近的恆星發射出來的能量和光的影響，有些是反射光芒看起來像在發光、有些反過來吸收光芒，看起來比旁邊的空間更暗。用小型望遠鏡觀測時，星雲和點狀光芒的恆星不同，像棉花糖般看起來是朦朧模糊的一團。

獵戶座大星雲是典型的瀰漫星雲

瀰漫星雲是指銀河系中形狀不規則的氣態結構星雲，它們大多位於銀河附近。在瀰漫星雲的類別裡，還分為發射星雲和反射星雲，發射星雲是由於星雲中心部存在恆星而發光，反射星雲則是反射附近恆星的光而發光。

天琴座的環狀星雲是行星狀星雲

在銀河系裡，還有一種看起來像一顆模糊的行星圓盤環狀星雲。大多數星雲的中心位置都有白矮星。當一顆恆星以不是爆炸的方式死亡時，它釋放出來的氣體會因為受到其他恆星的紫外線影響而發光。

獵戶座大星雲
（M42）和
環狀星雲
（M57）

 小知識 還有一種是由大量氣體構成，會像陰影一樣遮擋到後面天體的暗星雲。

星團是什麼？

關於星團的知識

星團比星雲更清晰可見，是能用肉眼或望遠鏡看到的恆星群。

一看就懂！ 3 個重點

恆星透過相互引力形成星團

無數的恆星因為相互之間的引力作用，恰巧集合成一大群，就成了星團。在我們的銀河系中，有數萬至數百萬顆恆星排列成一大群的球狀星團，也有數萬至數千顆恆星以不規則的狀態排列成的疏散星團。使用望遠鏡來觀測星團，可以看到一顆顆的星星。

M15 是很具代表性的球狀星團

球狀星團是在銀河系形成時誕生的，年齡有 100 億～ 140 億年不等。一般認為星團是在星系誕生時或未收縮時誕生的。如果用小望遠鏡看，星團看起來會像一團雲，而看不到單獨的星星。

昴宿星團是典型的疏散星團

金牛座的昴宿星團，在日本被稱為すばる（SUBARU，昴），視力很好的人可以找出 7 團以上群聚的星星。此外，英仙座中還有一個用雙筒望遠鏡就能清晰看到個別星星的雙星團。

球狀星團
（M15）和
昴宿星團
（M45）

星
星

宇
宙

行
星

地
球

太
陽

月
球

星
系

宇
宙
探
索

小知識 目前在銀河系中觀測到了大約 130 個球狀星團和 1000 個疏散星團。

星雲和星系，還有星團和星系有什麼差別？

關於銀河系以內和銀河系以外的知識

目前人類是依照它們存在的位置、個別的結構等等來加以分類。

一看就懂！3個重點

以前有一段時間，天空中模糊可見的星象全都統稱為星雲
過去，除了用肉眼就看得到個別星星的昴宿星團之外，不管是星系、星雲和星團，因為用望遠鏡只能看到霧霧一團的關係，被統一叫做星雲。到了現在，人們已經不是只用外觀來定位它們，而會依照位置和結構等等更詳細的資訊來分類。

星雲和星系存在於宇宙中完全不同的地方
星雲是存在於我們所在的銀河系中的一種天體，是一團團的氣體，看起來若隱若現；而星系則是無數恆星組成的星團，因為離我們太遠了，所以看起來變成一團，分不出個別的星星，也是模糊的若隱若現。但實際上它們的所在位置和構造都完全不一樣呢。

星系雖然也是恆星群聚而成的，但星團是位於銀河系內的一種天體
兩種都是一群恆星所組成的天體。星團位於銀河系內，可以用望遠鏡看到個別的星星。星系位於銀河系之外，由數千億顆以上的恆星組成，因為太遠了而無法看出個別的星，所以也會覺得它看起來像一團雲霧。

渦狀星系（M51）

小知識 因為技術進步，人類終於能夠拍攝和觀測到附近星系中的星雲和星團。

星　星

宇　宙

行　星

地　球

太　陽

月　球

星　系

宇宙探索

星雲是由超新星的殘骸變成的嗎？

（關於超新星殘骸的知識）

當一顆恆星爆炸並死亡時，碎片會噴發出來，閃閃發光。有些星雲就屬於這種情況。

一看就懂！ 3 個重點

質量重的恆星在生命結束後就會爆炸

比太陽大 8 ～ 10 倍的恆星在耗盡能量時就會引起超新星爆炸。爆炸結束後，這些質量重的恆星會成為黑洞或中子星，而質量輕的恆星就會在爆炸時變成碎片噴發出去，擴散成一片且閃閃發光。

超新星殘骸的種類

由於恆星爆炸而往外噴出的氣體，在極高速膨脹過程間產生的光芒，會持續幾萬年。還有呈球形、表面上看起來有一圈光環的星雲；或是中央位置有中子星作為能量源，閃閃發光的星雲；甚至也有好幾種特性重疊的複合型星雲。

以超新星殘骸而聞名的「蟹狀星雲」

金牛座的恆星在公元 1054 年時爆炸，當年的紀錄顯示，即使在白天都能清晰地看到它的光芒。剛爆炸時，它看起來仍是一顆閃亮的星星，但隨著氣體往外持續擴散，才變成了現在能夠用望遠鏡觀測到的「蟹狀星雲」。

蟹狀星雲（M1）

 小知識 由於 1987 年大麥哲倫星雲中的超新星爆炸現象，環狀星雲誕生。

為什麼星雲的名字前面都有加 M 字？

關於梅西耶天體列表的知識

因為是天文學家夏爾·梅西耶為星雲、星團和星系編寫的天體列表。

一看就懂！ 3 個重點

梅西耶被人們稱為彗星獵人

熱衷於尋找彗星的法國天文學家夏爾·梅西耶（Charles Messier），有天在搜尋彗星時，注意到一些可能被誤認為是彗星的模糊天體，於是他為這些天體編制了一份列表。他把自己姓氏梅西耶的首字母 M，標示在編號前面，出版了天體目錄。新增內容持續出版到第三集。

用小型望遠鏡也能觀測到的類星雲天體

起初，梅西耶發現的是比較亮的天體，他在 1774 年發表了 M1 ～ M45 號天體目錄。第二集是在 1781 年出版，最後在 1784 年出版第三集。三本目錄中收錄了 M1 到 M103 號星雲。

梅西耶的成就

梅西耶出生於 1730 年，他在 1759 年觀察到哈雷彗星後，點燃了發掘新彗星的熱情。直到 1817 年去世前，他總共發現了 44 顆彗星。當時所編寫的梅西耶天體列表，由於都是用一般望遠鏡也能觀測到的天體，所以至今仍是天體觀測活動的熱門目標。

夏爾·梅西耶

　小知識 104 到 110 號沒有收錄在梅西耶天體列表中，因為那是在他去世後才被發現的星雲。

星雲和星團用肉眼觀測得到嗎？

（關於明亮的星雲和星團的知識）

雖然星雲和星團的數量多得不得了，但只有少數幾個亮到能用肉眼看到。

一看就懂！ 3 個重點

別因為肉眼看不到就輕易放棄

明亮的天體是可以單用肉眼就看見的。冬季金牛座的昴宿星團（M45），日文名字すばる，就非常有名，光用肉眼可以看出有好幾顆星星聚集在一起。另外，獵戶座的三連星下方，也能隱約看到美麗的獵戶座大星雲（M42）。

如果待在沒有路燈、天空很暗的地方，能夠看到更多天體

沒有城市燈光對夜空造成光害的山區，或是冬天晴朗的夜晚、沒有月亮照耀夜空的時候等等，夜空會特別暗，這時候甚至可以看到許多較暗的星星。在這種條件下，連仙女座星系（M31）等等，都能隱約看見。

使用雙筒望遠鏡，也能看到更多天體

想看疏散星團的話，有雙子座的 M35、御夫座 M36 和 M37，以及英仙座的雙星團。但如果不清楚它們的位置，會很難找到。最好一邊對照星象圖，循著星星的排列來找出它們。

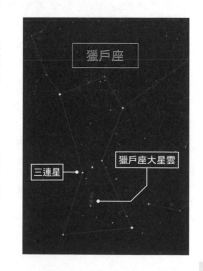

獵戶座

三連星

獵戶座大星雲

小知識 星雲和星團比想像中更模糊不清，如果只盯著一點看，會很難注意到它們。

星系

「星雲·星團」週

一 二 三 四 五 六 日

是否有眼睛看不見的星雲呢？

（關於暗星雲的知識）

宇宙中有一種暗星雲，是由比周圍密度更高的氣體和宇宙塵埃聚集而成的。

一看就懂！**3** 個重點

我們怎麼知道暗星雲的存在呢？
底下的圖片中，你能看出裡面有一個馬頭形狀的影子嗎？ 在獵戶座三顆恆星左下方，就是暗星雲，我們雖然看不見它，但因為它遮蓋了後面的恆星和星雲，所以我們會看到夜空中有一塊是黑色的，這就知道它在哪裡了。

暗星雲的特性與瀰漫星雲相同
它們由氣體和塵埃構成，形狀也是不規則的。瀰漫星雲受到恆星的光芒而發亮，但暗星雲附近沒有能夠照亮它們的恆星。所以，除非暗星雲的背後有發光的天體，否則我們是看不見它的。

當一顆恆星誕生時，它變成了瀰漫星雲
暗星雲是氣體和塵埃聚集而成的天體。當這些成分由於引力而往中間聚集和收縮時，中央的密度升高，使得溫度也不斷升高，就會誕生出新的星星。這樣一來，新的恆星所發出的光芒照亮周圍，暗星雲看起來就會是瀰漫星雲。

看起來像是一匹馬的頭部的馬頭星雲

小知識 在暗星雲中有時也會觀測到一些水、一氧化碳、氨和甲烷等元素。

星座的說法是從哪裡開始的？

（關於星座起源的知識）

據說星座是大約 5000 年前起源於現在的
伊拉克地區。

一看就懂！**3** 個重點

星座來自古代文明的發源地美索不達米亞的牧羊人

人類的肉眼可以看到大約 8600 顆星星。在古代文明的發源地美索不達米亞，牧羊人們把夜空當成畫布，把夜空中明亮的「東西」（天體）連在一起描繪出動物和神靈。星座的起源地相當於現在的伊拉克境內，大約在底格里斯河和幼發拉底河之間。

廣泛用到時鐘和日曆裡的星象圖

起源於美索不達米亞星座文化，讓星星的移動特色被大量使用在鐘錶和日曆裡，經由地中海東部的商人帶到希臘。於是，星座和希臘神話有了聯結，最後逐漸演變成現在看到的星象圖。

大航海時代後，南半球的星座也加入其中

15 世紀歐洲人的航海擴大到了南半球，把在希臘看不到的、南半球星空中的星座加進了星象圖中。到了 1930 年，國際天文學聯合會制定了目前公認的 88 個星座。

小知識 1994 年，日文名稱中的「蠅座」（はい座）正式改為「蒼蠅座」（はえ座）。

星座有多少個？

（關於星座數量的知識）

除了 12 個生日星座外，
還有 76 個，一共 88 個。

一看就懂！**3** 個重點

花了很長時間才終於制定出公認的 88 個星座

相較於星座文化悠久的歷史，目前公認的 88 個星座卻到了不久前才正式制定。從 15 世紀到 16 世紀大約 1500 年之間，以天文學家托勒密以希臘時代的 48 個星座編制而成的「托勒密 48 星座」流傳最廣。

有些星座的名字已經消失了

15 世紀開始，星座的數量增加不少，但有些恆星同時被算在兩個星座裡，使得星座劃分變得難以判定。又有些星座的命名是為了討好當時有權勢的人，還有一些星座完全是當時的天文學家隨意以個人喜好而編出來的。

各別在南、北半球看不見的星星

在 88 個星座中，日本地區看不到位在南極側的變色龍座和南極座。另一方面，在赤道南方的南半球，就看不到以北極星做為尾巴的小熊座。

變色龍座

山案座

南極座

小知識 在日本，各個星座還有愛奴人或琉球人流傳下來的日本方言星座名。

生日當天就能看見自己的生日星座嗎？

關於生日星座的知識

12 星座在劃分的生日期間，位置都在太陽附近，所以在晚上是看不見的。

一看就懂！ 3 個重點

星星敵不過燦爛的陽光，肉眼是看不到的

12 生日星座的來由，是將太陽的運行軌道劃分成 12 等份，並以當時最近的星座做為代表。假如你出生時，那個星座離太陽很近，那麼每年你的生日那天，星座也會在相同的位置。白天星座被陽光遮蔽了，到了晚上又和太陽一起下山，所以生日時看不見自己的生日星座。

占星術並沒有天文學等科學做為依據

占星術大約在 2000 年前出現，它將太陽的運行軌跡分成 12 等份，並把這 12 個區域命名為黃道十二宮或黃道占星學。占星學和現實中的星座有很大的差異，本身也無法訂正因為時間而造成的方位誤差，因此所謂的星座占卜並沒有任何天文學等科學的依據。

白天觀測星星的方法

想在白天找尋星星的蹤影，可以利用星座盤或觀星專用的 APP 來輔助。在天文台和科學博物館也很常有白天進行的觀星活動。即使是在連太陽隱藏起來的日全食期間，也還是有機會看到行星和明亮的恆星。（另可參照第 219 頁）

1 月 1 日出生的話，生日星座就是當時位在太陽附近的摩羯座

小知識 至今，每個人生日時，離太陽最近的星座已經誤差到早一個星座了。

為什麼不同的季節會看到不同的星座？

（關於季節星座的知識）

這是因為地球繞著太陽公轉，以太陽為決定時間和季節的基準。

一看就懂！**3** 個重點

位置在太陽對面的星座，中間夾著地球
白天太陽很亮，看不到星星。晚上出現在夜空中的星座，都是把地球夾在中間，位置在太陽對面的星座。繞著太陽公轉的地球，每轉一圈就要一年，經歷春、夏、秋、冬四個季節。因此，位在太陽對面的星座，會隨著季節而變化。

每天提前約 4 分鐘出現
如果每天都在同一時間觀察星星，會發現星星的位置會一點點地向西移動。如果特別去觀察一個特定星座，也會發現它每天出現的時間都會比前一天提早約 4 分鐘，一個月總共提前 2 個小時左右出現。

夏季和冬季星座圍繞北極星旋轉的星座
冬季的星座獵戶座，到了夏天就看不見了，因為它和太陽在同一面的位置。相反的，天鷹座和天琴座被稱為「夏季大三角」，因為夏季時它們正好在夜空的頂上。如果總是在同一個時間觀測北斗七星，會發現北斗七星以北極星為圓點旋轉，夏季和冬季的位置正好相反。

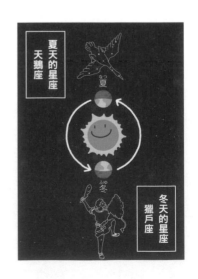

夏天的星座
天鵝座

冬天的星座
獵戶座

 小知識　由於地球的公轉運動，恆星在夜空中一整年呈現出來的移動軌跡，被稱為星星的周年運動。

去國外就會看到不一樣的星座嗎？

（關於外國星空的知識）

隨著緯度不同，可以看到的星座和星座在天空中的位置會不同，但排列是一樣的。

一看就懂！**3**個重點

北半球國家和北極

在北海道以北的國家，北極星所在的小熊座和北斗七星所在的大熊座，會比在日本看時更高，天蠍座等靠近南方地平線的星座則會隱藏到地平面以下。在北極看星星的話，星座會像是繞著北極星逆時針旋轉移動似的。

赤道附近的國家

而在比日本的沖繩南邊的赤道附近國家，沒有一年四季都看不到的星座。有時在北方地平線上看到北斗七星之際，可以同時往南方地平線上看到南十字星。

南半球國家和南極洲

在南半球的國家，太陽和月亮都是往北方的天空運行，所以以南半球國家看不見北極星，卻能很容易找到南十字星。被日本劃分為冬季星座的獵戶座，到了南半球，會看到它在夏季時倒掛著出現。在南極洲，星座會圍繞著天空最南邊的南極座順時針移動。

小知識 恆星距離地球太遠了，所以星座的排列從地球上的任何地方看起來都會是一樣的。

星座的排列會亂掉嗎？

（關於星座形狀的知識）

10 萬年後，星座的排列形狀會變得和現在完全不同哦。

一看就懂！3 個重點

以人類的壽命（100 年）來說，不會感覺到星座排列的變化

組成星座的星星（恆星）距離地球非常遠，雖然它確實在慢慢變化，但以人類一輩子的長度來說，來不及感覺出星星的變化。不過，等 10 萬年之後，星座的形狀就會完全亂掉，變成和現在不同的排列。

恆星的位置會因為「自行運動」而改變

恆星位置的變化，是專攻觀測天文學的英國格林威治天文台台長哈雷（Halley）在 1718 年時發現的。和公元前 150 年天文學家喜帕恰斯（Hipparkhos）所測定出來的位置圖相比，天狼星（大犬座）和畢宿五（金牛座）就能證實這些恆星的自行運動。

獵戶座的改變可能是發生超新星爆炸的徵兆

在獵戶座右肩處，發出紅色光芒的一等星參宿四。是一顆亮度會變化的變星。它的生命已經走到盡頭，據說隨時都有可能發生超新星爆炸。

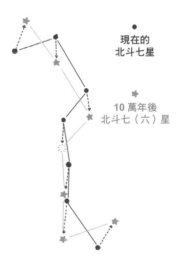

現在的
北斗七星

10 萬年後
北斗七（六）星

小知識　參宿四的大小是太陽的 1000 倍，它是冬季大三角之一，在日語中被稱為平家星。

星星

銀河是什麼？

（關於銀河的知識）

銀河是從地球上可以看到的銀河系的一部分，
過去的人們並不知道那是一個星團。

一看就懂！3 個重點

亞洲國家普遍用天空中的河川來形容它

在中國古代的七夕傳說中，織女星（織女一：Vega）與牛郎星（河鼓二：Altair）每年會有一天渡過這條天河，在橋上見面。在中國，這條乾涸的天河是漢江支流，而中國對銀河的別稱叫做「天漢」，也出現在奈良時代的日本詩集《萬葉集》中。

起源於希臘神話的 Milky Way

Milky Way 在英語中有「乳白的路徑」的意思。會把銀河這樣命名，據信是因為希臘神話中提到，宙斯把一個嬰兒海克力士交給妻子赫拉哺乳，她在受到驚嚇時母乳濺了出來。

科學的進步揭開銀河真正面貌

以前一年中不管什麼時候，都能看到夜空中的銀河。到了今日，由於人造光源形成的光害，世界上有 1/3 的人已經無法再用肉眼看到它。不過，在 2022 年，全球八台電波望遠鏡聯手，成功拍攝到了銀河系中心的黑洞。

右側標籤：星星　宇宙　行星　地球　太陽　月球　星系　宇宙探索

小知識 在南美印加神話裡，將銀河中的暗星雲稱為煤袋、羊駝或蛇等等。

85

伽利略所看見的月亮是什麼樣子？

關於伽利略看到的月亮的知識

月球原本看起來光滑扁平的表面，一旦透過望遠鏡，就成了凹凸不平的立體地形！

一看就懂！3 個重點

光滑而閃亮的月亮

過去人們認為月球是一個完美的球體，表面又亮又光滑。對於地面上的我們來說，用肉眼能觀測到的東西，就是我們能了解的所有了。

自製望遠鏡

在伽利略的時代，要得到一架望遠鏡並不容易。1608 年，伽利略聽說荷蘭製造出了望遠鏡，他立刻試著自己製造一架。他製作的是結合凸透鏡和凹透鏡效果的折射望遠鏡（請參照第 33 頁）。

1609 年，這架自製望遠鏡朝向了月球

用自製望遠鏡能放大觀測月球，於是伽利略立刻發現了月球表面是凹凸不平的。他也很快明白到，那些崎嶇的地形是山脈和山谷，另外還有許多和地球類似的地貌。他把看見的畫面描繪下來，並於 1610 年發表了《星際信使》。

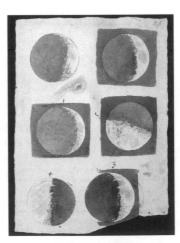

伽利略的月球素描

小知識 據說世界上第一架望遠鏡是由一位荷蘭的眼鏡技工所製造的。

宇宙觀測是怎麼進行的？

（關於怎麼調查宇宙的知識）

先立出假設（理論），
接著觀察和研究來自太空的光等等。

一看就懂！ 3 個重點

來自宇宙的訊息

其實，我們一直都在接收來自宇宙的訊息，其中一種就是光（電磁波）。對於這些來自宇宙的光（光裡包含了無線電波、可見光、紅外線、紫外線、X 射線等等），我們會拍攝光譜，還會從中研究分析出天體的形狀和大小、光的強度、分布等等。

怎麼接收到光呢？

在地面或太空中接收光線，會使用特殊設備來加以觀測。這種設備會連接到望遠鏡上，將收集到的光加以分析和記錄。在望遠鏡設備裡，用來觀測的有光學望遠鏡、電波望遠鏡，要收集很難照到地球來的光時，還會使用太空望遠鏡。

運用超級電腦來解開謎團！

透過觀測收集到許多資料後，還必須思考這些資料說明了宇宙中哪些神秘的謎團。所以科學家會用電腦來模擬重現太空中發生的現象，再把先前觀測得到的結果和模擬的結果加以比對。

〈觀察對象和觀察用的設備〉

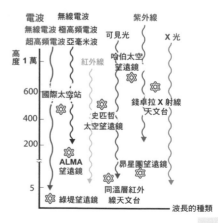

小知識 除了光，還有其他用來研究微中子和重力波的裝置。

87

星星
宇宙
行星
地球
太陽
月球
星系
宇宙探索

望遠鏡 有多少種呢？

關於太空望遠鏡和地面望遠鏡的知識

地面和太空望遠鏡是幫助我們探索宇宙的大眼睛！

一看就懂！ 3 個重點

收集資訊的方法

人類要去太空是相當困難的，而宇宙那麼浩瀚，要一一去探訪蒐集資料也十分辛苦。 有時候會有像「隼鳥號」那樣的探測器直接飛到太空去調查，但大多還是使用望遠鏡來收集宇宙的資訊。

從地球上遙望宇宙

光學望遠鏡能夠藉由透鏡和反射鏡從外太空收集可見光或紅外線，連肉眼無法看見的無線電波也能觀測到。接收光線的透鏡或反射鏡面直徑愈大，它的性能（視力）就愈好。

在宇宙中捕捉

宇宙中天體發出的光，在透過地球大氣層之後，看起來都會模糊不清。加上大氣層的阻隔效果，一些光線（遠紅外線、X 光）會變得很難採集到。所以人類開始在大氣層外收集和觀測光。使用到現在將近 30 年的哈伯太空望遠鏡，不但非常有名，目前也還在執勤中。

預定建在夏威夷毛納基山的
超大望遠鏡「TMT」
© 日本國立天文台

小知識 世界上主要的大型望遠鏡幾乎都集中在美國夏威夷和南美洲的智利。

告訴我更多關於地面望遠鏡的知識吧！

關於地面望遠鏡種類的知識

建造望遠鏡最好的地點是天氣晴朗、
遠離城市燈光、空氣稀薄的地方！

一看就懂！**3** 個重點

昴星團望遠鏡
由日本在夏威夷島毛納基火山頂 4207 公尺的位置上建造的太空望遠鏡，口徑有 8.2 公尺。它還有 7 個額外的特殊設備，像是有一個能夠一次觀測到非常寬廣夜空的相機，還有一個可以校正大氣波動的「雷射導引系統」。

ALMA 望遠鏡（阿塔卡瑪大型毫米波／亞毫米波陣列）
右邊的圖片是在智利海拔 5000 公尺的沙漠裡建造出來的 66 座天線。參加這個計畫的包括日本、臺灣、美國、加拿大、歐洲和智利，是把很多架太空望遠鏡聯結起來，變成一個巨大的望遠鏡系統。在觀測低溫的宇宙氣體時，目擊了行星的誕生和其生命的原料。

它的望遠能力有多厲害呢？
如果把人類的視力比做 1，那麼家裡用的望遠鏡（鏡片直徑 6 公分左右）的視力就是 30，昴星團望遠鏡視力會是 1200，最大的 ALMA 望遠鏡（66 座天線分布的區域，大小跟東京山手線行經範圍差不多）視力是 6000。

碧藍天空下的 Morita Allay
（十六夜）天線們
X-CAM AMA（ESONAOJNRAO）

小知識　在 ALMA 望遠鏡的結構中，由日本負責建造的 16 座天線暱稱為「いざよい」（Izayoi，十六夜）。

人類能夠看多遠呢？

（關於觀測範圍的知識）

目前可以看到離地球 131 億光年的地方，以後還能看得更遠！

一看就懂！ **3** 個重點

哈伯太空望遠鏡（HST）

在 1990 年發射到太空中的哈伯太空望遠鏡，口徑有 2.4 公尺，它可以觀測紫外線、可見光、近短波紅外線。最著名的成就之一，就是在進行叫做「哈伯深空」（Hubble Deep Field）的深空觀測中，發現了誕生於宇宙早期的星系。

發現宇宙最遙遠的地方

2022 年，人類正式捕捉到一顆距離地球大約 129 億光年（宇宙誕生到現在是 9 億年）的恆星發出的微弱光線。後來，又在更遙遠的大約 131 億光年外，發現了一顆可能正在快速成長為超大質量黑洞的天體。

找到最早誕生的星星！

詹姆斯一韋伯太空望遠鏡（JWST）是哈伯太空望遠鏡的新一代望遠鏡，很有希望能觀測到宇宙誕生後不久就形成的第一批恆星和星系。截至 2022年 5 月，它已經完成調整，將要正式開始觀測任務。

JWST 能夠正式進行觀測時的結構想像圖

星星　宇宙　行星　地球　太陽　月球　星系　宇宙探索

 小知識　宇宙觀測不是用單一部望遠鏡來進行，而是使用多部望遠鏡觀測到的數據和圖片來組合和分析。

我們能觀測到肉眼看不見的光嗎？

（關於觀測看不見的光的知識）

可以的！看不見的光是一把重要的鑰匙，隱藏了許多看不見的資訊，如溫度等等。

一看就懂！3 個重點

侖琴使用的「X 射線」

X 射線是 1895 年德國物理學家侖琴（Roentgen）所發現的光（電磁波），可以用來觀測超高溫氣體等超高能量天體。能夠探測出星系團和黑洞。

能夠做成電暖爐，還能做出香噴噴烤肉「紅外線」

NASA 的史匹哲太空望遠鏡不僅很有名，也是日本之光。它能夠觀測到肉眼看不見的灰塵，也能夠觀測出隱藏在灰塵後的星系、恆星或行星誕生的模樣。

每個人都在使用的 Wi-Fi「無線電波」

有許多溫度較低的宇宙灰塵和氣體，紅外線無法檢測到，這時候無線電波就能派上用場。這些都是人類了解肉眼（可見光）無法看到的漆黑宇宙的線索。無線電波還可以捕捉檢測到從黑洞中噴出的噴流或電波。

上圖是可見光的成相，
下圖是用紅外線（波長 10 微米）觀察，
右邊是冷水，左邊是熱水，
愈熱的物體在紅外線中會顯得愈亮。

© 藤原英明

小知識 日本第一台 45 公尺電波望遠鏡位於日本長野縣野邊山。

星星
宇宙
行星
地球
太陽
月球
星系
宇宙探索

太空望遠鏡發現了什麼？

（關於哈伯太空望遠鏡的知識）

約 30 年來，哈伯太空望遠鏡教會了我們如宇宙膨脹等許多知識。

一看就懂！3 個重點

哈伯進行過 140 萬次以上的觀測，至今仍然活躍中
哈伯太空望遠鏡至今捕捉到了許許多多的照片，讓以往透過地面望遠鏡無法窺知宇宙細節的我們，能夠看到星星們「誕生」和「走向衰亡」的光輝，還有那些遙遠的黑暗天體的真實景象。

在宇宙空間的巨大光環
在觀測星系團時發現，星系團強大的引力會扭曲空間，導致在它背後的星系發出的光會被拉長，使整個畫面像是一片透鏡。「重力透鏡」的形態，讓我們知道了暗物質的存在和宇宙空間的分布。

銀河系中心存在超大質量黑洞
根據目前新發現的證據表明，不僅是我們所在的銀河系中央有一個超大質量的黑洞，極有可能其他所有星系都具有相同的構造系統。

由重力透鏡現象而讓遠方的天體呈現環形的照片（愛因斯坦環）

小知識 雖然哈伯太空望遠鏡至今取得了很多成果，但一開始時它是失焦的。

地球自轉有什麼特徵？

（關於自轉運動的知識）

地球每天都會以自己的地軸為中心，面向北極星順時針自轉一圈。

一看就懂！ 3 個重點

地球的自轉軸指向北極星

任何旋轉，都有「旋轉軸的方向」、「旋轉方向」和「旋轉速度」等特徵。不管旋轉多少次，都不會改變方向的軸心，就叫做旋轉軸。而地球的自轉軸（地軸）精準地指向了北極星。

自轉的方向是面向北極星順時針轉

如果你從地軸指向的北極星往地球看，會看到地球的自轉方向是往左轉，也就是逆時針方向。相反地，站在地球上時，往北極星看，地球的自轉方向是往右旋轉，也就是順時針方向。

地球每天會自轉一圈

地球上，一天的長度是指太陽往正南方運行，直到它再次回到原點所需要的時間。地球不僅繞地軸自轉，同時間還繞太陽公轉。所以一天會轉得比 1 圈再多一點點。

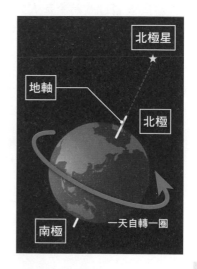

北極星

地軸

北極

南極

一天自轉一圈

星星　宇宙　行星　地球　太陽　月球　星系　宇宙探索

方位和自轉的方向有關係嗎？

關於方位和自轉的知識

人類以地軸所指向的北極星為基準點，
在地面上制定「東、西、南、北」的方位。

一看就懂！**3** 個重點

不像前後左右，東西南北是所有人通用的
生活在地球上，上下（垂直方向）總不可能搞混吧？但每個人的前、後、左、右都是不一樣的，這樣太不好理解了，所以人們為了讓其他人能理解，制定出了「東、西、南、北」方位。

北極星很適合做為所有人共同的基準
要說到任何人都共通的基準，地軸指向的北極星最合適了。首先把北極星出現的方向定義為地面上的「北方」。一旦確定了北方，剩下的就容易了；相反的方向就是「南方」。面向北方時，右手邊是「東」，左邊就是「西」方。

地球的自轉是由西向東
地球的自轉方向是面向北極星時順時針的方向。由於已經制定出東西南北方，所以也可以說地球是自西向東自轉。生活在地球上很難感覺到地球的自轉，反而是看到太陽從東邊升起、西邊落下。

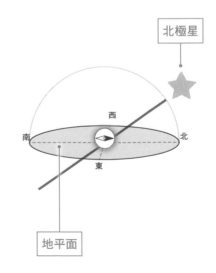

北極星

西

南

北

東

地平面

小知識 無論面向哪個方向，在北極點上都只會向南，相反的，在南極點只能面向北。

自轉軸的方向是不變的嗎？

（關於自轉軸方向的知識）

由於擺盪運動，地軸的方向每 26000 年會改變一次。

一看就懂！ 3 個重點

指向北極星的地球自轉軸，傾斜角度 23.4 度
地球繞著一邊以地軸為中心自轉，再花一年的時間繞太陽公轉一圈。地球的自轉軸與地球繞行的軌道的平面傾斜 23.4°。也因為這個傾斜角度，地軸的北端延伸出去，就是閃耀的北極星。

地球的自轉軸不再指向北極星
轉陀螺時，大家一定發現了，陀螺快倒下時，它的自轉軸會搖晃擺動。地球雖然不會傾倒，但地球的自轉軸其實也有在擺動。這麼一來，是不是有一天北極星就不再代表球的北邊了？

擺盪運動的周期是 26000 年
不用擔心，就像陀螺的擺動一樣，自轉軸會回到原來的位置。不過，地球自轉軸擺盪一次，就要花上 26000 年，代表北方的星星換成其他星星也是那時候的事了。以目前的周期來看，在公元 14000 年時，天琴座（七夕的織女星）附近就會是地球的「北」的代表。

〈地球的擺盪運動〉

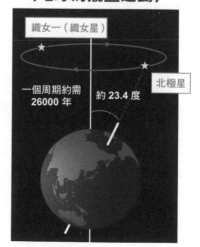

織女一（織女星）

北極星

一個周期約需 26000 年　約 23.4 度

小知識 隨著地軸方向的變化，四個季節的星座也會跟著變動。

怎麼證明地球的自轉運動呢？

(關於自轉的證據的知識)

透過「傅科擺」實驗，證實了地球確實在進行自轉運動。

一看就懂！ 3 個重點

除非受到外界干擾，鐘擺的擺動平面的方向不會改變
大家可以試著在旋轉台上推動一個單擺。當不在旋轉台上時，單擺的擺盪運動的擺盪平面，看不出來有任何變化，只要不特別用外力干擾單擺，那麼它就會一直保持下去。

單擺的設備本身如果在自轉，擺盪平面的方向就會發生變化了
這次，我們把單擺的設備放上旋轉台，再重新看看單擺的擺盪平面。這次單擺的擺盪平面會和旋轉台的旋轉方向，以相反方向旋轉。由於地球無時無刻都在自轉，所以進行單擺實驗時，應該都會看到擺盪平面的旋轉現象。

「傅科擺」實驗
1851 年，法國的物理學家傅科（Jean Bernard Léon Foucault），在巴黎萬神殿進行了一次公開實驗。他把一個 28 公斤的重物懸掛在一根 67 公尺的鋼絲上擺動。呈現出來的擺盪平面顯示出當時推測的地球自轉現象，也因此，當時的人才能夠證明地球在自轉。

傅科的單擺

小知識 振盪平面在北極和南極每天會旋轉一次，但在赤道上就不會改變。

為什麼會有天球論？

（關於「天球」的知識）

雖然天球是一個以地球為中心的虛擬球體，但它能夠逼真地還原出星星的方向和星星之間的位置關係。

一看就懂！ 3 個重點

把「天球」平著剖半，切面就代表我們所在的地面

「天球」（Celestial sphere）是一個半徑無限大的球體，把地球設定成靜止不動中心點，再把所知的星星和太陽等天體以正確的方位黏在大球上。如果準確地把「天球」從中間分成上下兩部分，剖開的平面就等於是我們現在站著的地面了。

把北極星釘上去，用來分辨方位

天球與地面相交的圓周，就是地平線。如果把北極星在「天球」上標出來，就能確定東西南北方向了（參照第 94 頁）。自地平線往上，最遠端就是天頂。要標示出天體的位置和方位時，天球是最方便的工具。

清楚地呈現星星之間的位置關係

在天球的概念中，不必考慮地球和星星、或者星星之間的距離。星星的位置都用天球球面上的一個點來表示，所以黏在球面上的星星之間的方位關係是不變的，很容易理解。

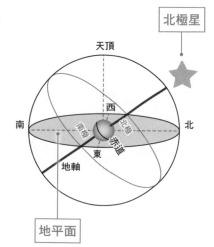

北極星

天頂

南 北

西
北極
赤道
東

地軸

地平面

周日運動是什麼？

（關於周日運動的知識）

由於地球會自轉，所以等同於天球每天會繞地軸自東向西轉一圈。

一看就懂！ 3 個重點

太陽的周日運動

清晨，太陽會從由東方向著南方升起，在南方的天空中自東向西移動。它會在中午左右達到最高位置，到了晚上，則是在西方的天空向北移動。太陽的移動方式，是因為地球自西向東自轉的關係。

北方星星的周日運動是逆時針方向進行

在北方的夜空中，會看到大熊座的北斗七星或仙后座以北極星為中心逆時針方向旋轉。北方星星的移動方式，也是因為地球向著北極星順時針（右邊）方向自轉。

周日運動是自轉引起的視運動

地球每天繞著地軸面朝北極星順時針方向自轉一周。如果我們把地球當作定住不動，那麼就會是天球以地軸為中心軸，每天由東往西轉一圈。這就是天球在視覺上呈現的周日運動。

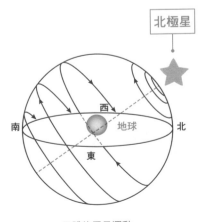

北極星

天體的周日運動

小知識 太陽和星星的「往復移動」必定發生在赤道上，而不是在北極或南極。

為什麼會形成偏西風？

關於偏西風和自轉的知識

從高壓帶吹出的風吹到中緯度地區時，
因為地球的自轉運動，成了偏西風。

一看就懂！ 3 個重點

風從氣壓高的地方吹過來

風必定是從氣壓高的地方往氣壓低的地方吹。事實上，在緯度 30 左右的位置，都是高壓區，形成像是地球上繞成一圈的高壓帶。在日本，高壓帶稍微偏南一點。所以日本上空的風一開始是往北吹的。

風向因地球自轉而改變

地球自轉時，在北半球風會向右吹，在南半球時，風則是向左吹。這跟在傅科擺實驗中，改變擺盪平面的力量是同一種，地球的自轉造成的力量，也會作用在風上。(參照第 96 頁)。

中緯度地區的偏西風

由南邊吹向北邊的風，如果向右轉，就等於是轉向東邊，成了由西吹向東的西風。在南半球，由北向南吹的風，向左轉而往東吹，也還是西風。會吹偏西風，就是這樣受地球自轉形成的。

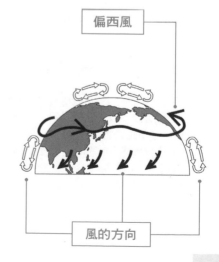

偏西風

風的方向

小知識 由於自轉的影響，在低緯度地區吹的是東風，也被稱為「信風」（貿易風）。

星星
宇宙
行星
地球
太陽
月球
星系
宇宙探索

為什麼土星環不會脫離？

（關於土星環的知識）

因為土星環是由一大排繞著
土星運行的冰晶組成的。

一看就懂！ 3 個重點

土星環的主要成分是冰，而且厚度非常薄
根據分析，土星環主要由凍結的水組成，是大小從幾公分到幾公尺不等的無數冰粒聚集組成的。它們因為土星的引力繞軌道運行，形成了一道環狀的隊伍。土星環非常薄，航海家號探測器觀測到它們只有幾十公尺厚。

用望遠鏡也能看到美麗的行星環
使用一般望遠鏡也可以清楚看到的土星環，外側算起分別被稱為 A 環和 B 環。B 環比較寬，面寬約 2.5 萬公里，而 A 環寬約 1.5 萬公里。在 B 環內側還有半透明、較不亮的 C 環。

在地球上觀測，土星環有時會消失
土星環雖然面很寬，卻非常薄，所以當人類在地球上觀測它時，如果角度正好在土星環的正側面，就會看不見它，像是消失了一般。直到行星方位改變的幾天之間，都會看不見土星環，這被稱為「土星環消失現象」或「土星環周期性消失」。

C 環　　A 環

B 環

小知識 A 環和 B 環之間的縫隙稱為「卡西尼縫隙」。

還有哪些行星有行星環呢？

（關於木星型行星的知識）

木星、天王星和海王星也有行星環。

一看就懂！**3**個重點

除了土星之外，行星環都非常薄且難以觀察
太陽系行星除了土星之外，在木星、天王星和海王星身上也觀測到了行星環，但它們的結構都很薄、很不完整，沒有其他像土星環那麼發達的行星環了。

由含有大量碳的物質所構成的行星環
土星環主要是由冰粒構成，而木星、天王星和海王星環則是由含有大量碳元素的物質構成。所以在地球上很難觀測到它們的行星環。

探測器發現的木星環
在發現了土星環和天王星環之後，木星環是人類在太陽系中發現的第三個行星環。1979 年航海家 1 號發現了木星環，直到了 1990 年代伽利略號探測器才有機會詳細觀測它。而航海家 2 號在 1986 年到 1989 年之間，飛越天王星和海王星時，仔細觀測了它們的行星環。

1995～2003 年在木星軌道上飛行的伽利略號探測器的圖像

小知識 天王星因為地軸嚴重傾斜，行星環是呈現垂直的狀態。

為什麼冥王星不算是行星？

（關於冥王星的知識）

> 因為目前似乎在太陽系中發現了許多
> 比冥王星還大的天體。

一看就懂！ 3 個重點

與其他行星相比，冥王星的體積非常地小

冥王星是 1930 年時一位美國天文學家所發現的。但是，與其他行星相比，冥王星有很多和其他行星不同的性質，例如它的公轉軌道非常橢圓，和黃道面之間的傾斜度很大，天體的直徑特別小等等。

新發現的天體──鬩神星

2003 年，鬩神星（2003 UB313）出現在觀測報告中。人類發現這個天體的直徑等於或大於冥王星的直徑。於是國際上開始辯論鬩神星是否應該成為太陽系第 10 顆行星。

以行星的標準來考量

在 2006 年召開的國際天文學聯合會大會，將「行星的定義」清楚地標示出來，「自身引力能夠排除周圍其他天體，且運行軌道的附近沒有其他天體」。這個結果，讓冥王星和鬩神星都被歸類到矮行星的範圍裡了。

〈矮行星冥王星〉

小知識　目前掌握的資訊顯示出，冥王星和鬩神星周圍還有很多和它們類似的天體。

行星的名字和神有關係嗎？

（關於行星名字的知識）

因為天文學的歷史很悠久，在發展過程中跟希臘和羅馬神話緊密結合在一起。

一看就懂！**3**個重點

羅馬神話是接續希臘神話而成

希臘神話講述了眾神之間互相爭鬥和愛恨情仇的故事。後來人們用眾神的名字來替那些在星座之間運行的閃亮行星命名。水星（墨丘利）、金星（維納斯）等等，都是繼承了希臘神話體系的古羅馬神話中神祇的名字。

肉眼可見的行星：水、金、火、木、土星

圍繞太陽運行的水星是傳遞信息之神墨丘利（Mercury），而維納斯是美的女神（Venus）；鮮紅又閃耀的火星，是戰神（Mars）。穩定地熠熠生輝的木星，是眾神之王（Jupiter）。土星則是以農業之神（Saturn）的名字來命名。

由望遠鏡發現的行星也有同樣的命名系統

經由望遠鏡的發展，18 世紀時開始大量被發現的行星，也同樣被人類用神的名字來命名。天王星因為是藍色的，所以用了天空之神（Uranus）的名字，而海王星因為看起來也呈藍色，被稱為海神（Neptune）。

羅馬神話中登場的神祇墨丘利。

小知識 水星和金星、火星這些名字，則是從中國古代的五行理論中得來的。

103

從地球可以看見的行星有哪些？

（關於觀測行星的知識）

肉眼可以看到水、金、火、木和土星，用望遠鏡可以看到天王星和海王星。

一看就懂！ **3** 個重點

自古以來，人們就在肉眼觀察靠地球較近的行星

在繞太陽公轉的行星中，離太陽最近的五顆行星（水星、金星、火星、木星、土星），因為距離地球較近，從地球上看它們時，顯得特別明亮。因此，自古以來人類就會用肉眼觀察這幾顆行星。

行星運行的軌道在地球內側或外側，觀測它們的方式會不一樣

水星和金星在地球軌道的內側公轉，從地球上看它們時，它們位於太陽很近的位置，因此只能在黎明或黃昏前後才能看到。另一方面，運行在地球軌道之外的火星、木星和土星，即使在午夜也觀測得到。

天王星和海王星可以用望遠鏡來觀察

上面提到的五個行星，亮度比一等星還亮。相對地，離太陽很遠的天王星亮度是 5.7 等，海王星是 7.8 等，它們屬於較暗的行星，很難用肉眼觀測。要觀察天王星和海王星的話，建議使用雙筒望遠鏡或小型天文望遠鏡。

地球

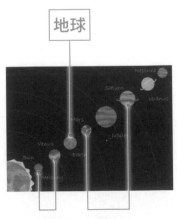

只有黎明或　半夜也能
黃昏才看得見　看得見

小知識 運行在地球軌道以內的行星叫做內行星，在地球軌道以外運行的行星叫做外行星。

為什麼行星外圍會有衛星繞著轉呢？

（關於衛星公轉的知識）

因為衛星其實是一邊繞著地球運行，一邊持續往地面掉落。

一看就懂！ 3 個重點

拉住球體的「引力」
在地球上，把一顆球拋到空中，它一定會掉回地上。因為球會持續被地心引力拉向地球。

衛星也不斷地被地球的「地心引力」拉著
衛星是圍繞行星以橢圓型軌道繞行的天體。以地球來說，指的就是月球了。月球也持續不斷地被地球的引力拉向地球。事實上，月亮一直都在慢慢地往地球掉落。

速度超過每秒 7.9 公里時，就能成為人工衛星
如果以超過每秒 7.9 公里（約每小時 2 萬 8 千公里）的速度把球扔出去，它就會開始繞地球旋轉而不會掉到地上，並且會持續繞地球運行（沒有空氣阻力的情況下）。而人類所發射的人工衛星，是用火箭來為它提升到足夠的速度。

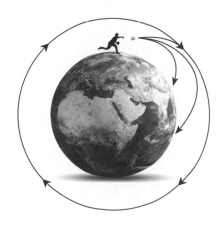

小知識 成為人造衛星所需的約每秒 7.9 公里的速度，叫做「第一宇宙速度」。

星星 宇宙 行星 地球 太陽 月球 星系 宇宙探索

每個行星都一定有衛星嗎？

（關於衛星的知識）

至今沒有發現水星或金星有衛星，但太陽系其他六顆行星都有衛星。

一看就懂！ 3 個重點

在太陽系中，一共發現了將近 200 顆衛星

在太陽系的行星裡，除了最靠近內側的水星和金星外，其他六顆行星都有衛星。就地球而言，唯一的衛星就是月球，但火星就有火衛一和火衛二，共兩個衛星。木星有多達 80 顆衛星，土星甚至有 86 顆衛星呢（截至 2021 年）。

衛星分為三個等級

衛星根據大小分為三個等級：半徑 1000 公里以上的大型衛星，半徑數百公里的中型衛星，最後是半徑在 100 公里以下的小型衛星。小型衛星的引力低，外型大多不規則，不會是球形結構。

推測未來還會在太陽系中發現更多衛星

藉由探測器的廣泛調查，人們不斷發現更多衛星。不過，最近新發現的衛星都是小型衛星。此外，最近的觀測結果顯示，矮行星和小行星也有它們自己的衛星。

火星衛星火衛一

小知識 水星和金星的引力較小，太陽的引力大，所以它們很難形成自己的衛星。

出現在太陽表面的黑點點是什麼？

（關於太陽黑子的知識）

太陽的磁場強度將近有地球的一萬倍，
內部的熱和光被磁力壓制的地方就會呈現黑色。

一看就懂！ 3 個重點

太陽黑子是什麼時候被發現和觀察到的？

人類第一次觀測太陽黑子的記錄，是 1128 年一位英國本篤會修士在編年史中，記載當時太陽上出現了兩個黑色的圓點。後來進入望遠鏡時代，1612 年克里斯托夫・沙伊納（Christopher Scheiner）和伽利略接連對太陽黑子進行了觀測。

太陽黑子是在磁場的影響下形成

太陽黑子是太陽內部的磁力線浮出表面的地方形成的。強大的磁力線團阻隔了太陽內部發出的能量，所以太陽黑子的溫度約為 4500 ℃，遠低於太陽周圍的表面。太陽黑子大多呈現圓形，但隨著發展會發生複雜的變化。

太陽活躍時會出現大的太陽黑子

在太陽的活躍期，太陽黑子的數量會增多，也會出現尺寸更大的太陽黑子。而到了活動低迷時期，有些日子甚至會沒有太陽黑子。太陽的活躍期裡，不但會出現暗區和半暗區十分清晰的太陽黑子，而且每天都出現劇烈變化，甚至還會出現耀斑等爆炸現象。

小知識 因為太陽每 11 年一輪的活躍周期，太陽黑子的數量會反覆增減。

太陽內部是什麼樣子？

（關於太陽內部的知識）

太陽的內部由於氫被超高密度壓縮，產生了氦，於是變成了一個約 1600 萬℃的超高溫世界。

一看就懂！**3** 個重點

太陽的中心正在發生核融合反應

太陽內部的氫在被壓縮的過程中產生高溫，從 4 個氫原子中產生出 1 個氦原子，引發了核融合反應。太陽的核心據信半徑大約有 10 萬公里，它的能量強大到可以向外輻射 60 萬公里遠。

中央部位形成了能夠傳導能量的對流層

太陽表層大約 10 萬公里厚的區域叫做「對流層」，它從輻射層接收到能量後，將氫原子進行電解，過程中會發出強烈的光芒。太陽內核的外側大約有 800 萬℃，對流層的外側則大約是 70 萬℃。

我們所看到的光球

可以直接用眼睛觀測到的太陽，指的其實是太陽外側的光球層。光球層的厚度大約 500 公里，溫度有 6000℃，恆星就是從這裡向外放射光和能量。太陽處於稱為光球層的層中。光球層厚約 500 公里，溫度約 6000℃，光和能量從這裡向太空發射。 在光球層的下方是對流層，能量的對流會在光球層形成米粒組織，看起來像是無數的小顆粒花樣。

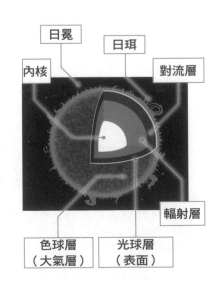

日冕

日珥

內核

對流層

輻射層

色球層（大氣層）

光球層（表面）

小知識 人類是根據太陽的質量、大小、成分、能量等等資訊，來推測分析太陽的內部構造。

在太陽內進行的是什麼反應？

關於核融合的知識

在太陽內部高溫高壓影響下，
正在不斷進行核融合反應，產生出巨大的能量。

一看就懂！ 3 個重點

太陽裡正在發生氫的核融合

太陽裡，叫做核心的中央部位，正在進行氫的核融合反應。太陽的中心部位密度高達 2500 億個大氣壓力和 1600 萬℃，是人類無想像的超高壓高溫狀態，在這個空間中，不斷地發生四個氫原子碰撞融合成一個氦原子的核融合反應。

產生出來的能量需要很多年才能到達太陽表面

因為太陽核心區域和輻射層的高壓，在中心部位由核融合產生的巨大能量，傳播的速度非常緩慢，它會在對流層中浮浮沉沉，花上十幾萬年的時間才能到達光球層，轉化成光散射出去。這樣是不是就能感受到太陽有多大了呢。

核融合會產生巨大的能量

核融合反應會將質量轉化為能量，太陽每一秒鐘內能把大約 430 萬噸的物質，轉化成相當於 38 億 6 千萬 MW（兆瓦）的一兆倍的電力。這是大到等同數萬顆氫彈的能量。

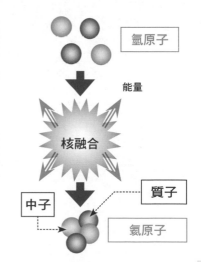

氫原子

能量

核融合

中子

質子

氦原子

小知識 日本正在著手進行研究怎麼實現核融合發電。

太陽的壽命
有多久呢？

關於太陽壽命的知識

恆星的質量決定了它的生命有多長，太陽的壽命大概是 100 億年，目前還剩 50 億年左右。

一看就懂！ 3 個重點

核融合反應會持續大約 50 億年才結束

太陽會因為氫的核融合反應而持續燦爛發光。而核融合需要的氫變成氦，以後當發生氦的核融合時，太陽的生命就會結束了。一顆質量和太陽類似的恆星，預估生命有 100 億年左右。

恆星的壽命可以經由計算來預測

太陽的壽命是根據太陽的質量和氫的消耗量計算出來的。將太陽質量裡，可使用的氫量，除以每秒在核融合裡用掉的量，就能求出多久會消耗完所有的氫，這就是太陽的壽命長度了。

太陽什麼時候耗盡生命？

有研究報告認為，太陽每 1 億年會變亮 1%。5 億年後，地球的溫度會大幅上升，海水會被蒸發，所有的生物都會滅絕。到了 50 億年後，巨大化的太陽會把地球整個吞沒。

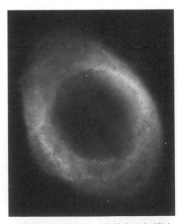

太陽最後不會爆炸，結構中的氣體被釋放出去，於是成為行星狀星雲。

星星

宇宙

行星

地球

太陽

月球

星系

宇宙探索

小知識 行星狀星雲的外層會逸散到外層空間，留下來的核心就成了白矮星。

日珥是什麼？

（關於日珥的知識）

日珥是像浮動的火焰般，
在太陽表面上不斷變化的東西。

一看就懂！**3** 個重點

日珥是在日全食期間被觀測到的

在日全食期間，可以觀測到太陽的外緣處，有像海市蜃樓一樣浮動變化的日珥。一份 1860 年對日食的攝影觀察顯示，這是一種太陽引起的現象。在後來的光譜分析中，人們了解到日珥是受到氫原子的光芒影響而閃爍。

氫原子發出的紅光

實際上，日珥是太陽大氣層中較低的色球層的一部分等離子體（電漿），沿著從太陽內部輻射出來的磁力線往外射到太陽的大氣層中。同時間它還會發出氫原子特有的紅色光芒。現在可以使用特殊的濾鏡來觀測日珥。

日珥有各種形狀和固定會出現的周期

日珥有不斷劇烈變化、幾個小時後就消失的活躍型，也像牆一樣固定存在幾個月的穩定型。某些情況下，它可以高達地球直徑的 20 倍，在光球層上會形成黑色條紋似的外觀。

活躍型日珥

小知識 有些日珥會大到長度超過太陽的 1/4 圈。

111

太陽色球層和閃焰是什麼？

關於色球層和閃焰的知識

太陽光球層再外側就是色球層，閃焰是太陽表面的磁場能量引發的爆炸現象。

一看就懂！**3** 個重點

色球層就像太陽的大氣層

就像地球的大氣層，在太陽的外側也有一層氣體，厚度有 2 千～ 3 千公里。它會發出氫原子特有的強烈紅光，所以在日全食時，就能看到太陽外緣鮮紅色的色球層。它比光球層更容易受到磁場的影響，隨時都在發生劇烈的變化。

太陽閃焰是太陽大氣層中的爆炸現象

當太陽表面的強磁力線結合或撕裂時，巨大的能量爆炸發出更亮的光芒，就是我們觀測到的閃焰，也叫作耀斑。發生閃焰時，太陽大氣層最外層的日冕中的電子、離子等等，有可能被大量噴射到宇宙空間中。

巨大的閃焰會影響到地球

閃焰發生時，會產生帶有輻射或高壓電的粒子，而且隨著爆炸拋射到外面的宇宙空間。如果這些等離子體是向地球拋射過來，會引起地球電離層混亂，造成我們的通訊機器故障，甚至還會造成大規模停電問題。

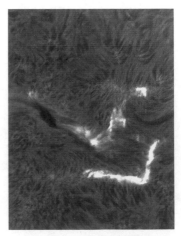

2021 年 7 月 28 日的太陽閃焰

 小知識 發生大型閃焰時，連在日本的北海道都曾出現極光。

日冕是什麼？

（關於日冕的知識）

日全食的時候，人們發現太陽周圍有一圈
薄薄的大氣層，那就是日冕。

一看就懂！ 3 個重點

日冕是在日全食的時候發現的

在日全食期間，太陽被遮蓋成黑色，而外緣有一圈柔和的光圈，那是太陽色球層外側的大氣層，也就是日冕。它的亮度約為太陽的一百萬分之一，日冕的大小、形狀，和太陽的活躍期緊密相關。相對於太陽表面溫度 6000℃，日冕的溫度在 100 萬℃以上。平常如果不用特殊的觀測設備，就只能在日全食的時候才看得見它。

日冕在磁場的影響下呈現放射狀

日冕雖然說是太陽的大氣層，但它不像地球的大氣層一樣是球形，它的亮度也不均勻，可以隱約看到磁力線形成的細條紋。在太陽活躍期時，日冕會更偏圓形，但進入太陽的低活躍期時，它會朝赤道方向拉長。

日冕中的等離子體在發光

日冕的成分是氫原子拆開成原子核（陽離子）和電子的高溫等離子體（電漿）組成，所以也帶有閃亮的光芒。它的大氣壓力只有地球的一億分之一，但因為電子劇烈運動而產生極高的溫度。

日全食和日冕（攝影 · 塩田和生）

小知識 太陽觀測衛星「ひので」（Hinode）和「SOHO」的觀測結果，解開了太陽的超高溫之謎。

為什麼月球表面看起來好像有花樣？

（關於月面花樣的知識）

> 月球表面的花樣，是因為黑色熔岩流過白色的岩石上造成的。

一看就懂！ 3 個重點

月球表面大多是由白色岩石構成
根據研究推定，月球誕生時是一大團軟糊糊的熔岩。當岩漿冷卻凝固時，白色、質地較輕的斜長石等物質浮到地表，而較重的物質就沉入地下。月球表面的岩石含有大量的斜長石，因此看起來顏色比較蒼白。

隕石坑是遭到隕石撞擊留下的痕跡
月球上沒有空氣形成阻力，所以流星會直接撞上月球。普遍認為月球是因為隕石撞擊造成的巨大傷害才形成了許多坑洞，而當時噴散的砂石形成了周邊的山丘。隕石的大小和速度不同，撞擊出來的隕石坑大小和深度也就有所不同。

隕石坑中流出的黑色熔岩
由大隕石坑形成的「盆地」的地底下，流出了黑色的熔岩。黑色熔岩的流動力很高，薄薄地覆蓋了一大片。月球表面上黑色的部分，雖然不是水，但我們也叫它「海」。

小知識 當月亮從東方天空移動到西方天空時，可以看到月亮上的花樣會跟著轉動。

日本的行星為什麼要寫成惑星呢？

（關於行星移動的知識）

因為星星的位置每天都在改變，好像在星座之間跑來跑去似的，所以才會被稱為「迷惑人的星星」。

星星

宇宙

行星

地球

太陽

月球

星系

宇宙探索

一看就懂！ 3 個重點

行星圍繞太陽旋轉

大多數在夜空中閃耀的星星都離地球很遠很遠，所以它們的位置看起來都是不變的。但水星和金星在地球軌道以內，而火星、木星和土星在地球軌道以外，同樣都繞太陽公轉。所以在地球上看起來，太陽系的行星就像在恆星之間跑來跑去。

金星既是「啟明星」，也叫做「長庚星」

在傍晚的西方天空，或是黎明的東方天空中，如果看到一顆特別明亮的星星，那多半是金星。當金星的方位在太陽的左邊時，它比太陽更晚才沉入地平線，是古代人們說的黃昏之星「長庚星」；當金星方位在太陽右邊時，它會比太陽更早升起，又是人們認為的晨曦之星「啟明星」。

當金星在太陽的左（東）側時，它就是太陽下山後仍然在夜空中閃爍的「長庚星」

在外側軌道運行的行星會被地球超越

地球繞太陽公轉一周需要一年的時間。運行軌道在地球以外的行星，公轉一周需要更久的時間。地球每 2 年 2 個月就會追過火星 1 次。在超越的那陣子，火星的移動看起來會像是先在星座間往左移動，接著往右，又接著往左移動。

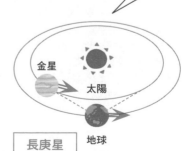

金星

太陽

長庚星

地球

行星和恆星是怎麼區分的呢？

(關於分辨行星和恆星的知識)

例如星座盤沒有標示的星星或不閃爍的星星等等，有好幾種方法區分星星。

一看就懂！ 3 個重點

星座盤裡沒有標示的閃亮星星

太陽系的行星是反射太陽光而發光，因此亮度會隨著和地球的相對位置而變化。能夠用肉眼觀測的水星、金星、火星、木星、土星都很明亮。而且行星的位置每天都會改變，所以星座盤上沒有標示、卻又很亮的星星，大多是行星。

閃爍的星星和不閃爍的行星

星星之所以會一閃一閃的，是因為大氣層的氣流搖曳造成的。其實肉眼無法區分它們是哪種星星，但行星距離較近，看起來會比恆星大，所以光芒不太會閃爍。

來自天文雜誌和網路的資訊

一般天文相關雜誌和國立天文台的網頁上，大多會提供行星位置的資訊。由於行星很明亮，如果能掌握它們的位置，就可以當成定位點，用來尋找星座。在智慧型手機或平板電腦上使用天文相關 APP 也不錯。

星座盤

小知識 日本國立天文台的「星空資訊」中，會刊載每個月的行星觀測指南。

為什麼白天看不見星星？

（關於白天的星星的知識）

其實星星在白天時一樣閃亮，
但白天太陽的光線更強，以致看不見星星。

一看就懂！ 3 個重點

如果周圍太明亮，人的眼睛就會看不到暗的物體

只要沒有雲層遮擋，不管在白天和晚上，星星的光線都同樣會傳到地球。但白天有陽光，天空太明亮了，所以看不到微弱的星光。其實就算是晚上，如果月光或路燈等照亮天空時，能看到的星星也會少很多。

有一顆星星就算在白天也能看到

如果是一等星這種特別亮的星星，用望遠鏡放大觀測的話，就算在白天，也還是能看到它在青空中閃爍。極度明亮的星星，在白天也會像月亮一樣讓人光用肉眼就能看見。

來挑戰在白天找到金星吧！

運用日本國立天文台曆計算室推出的 APP「今日星空」，可以得到最佳觀測日期和時間，以及金星會在太陽的左側或右側、距離多遠等等資訊。在尋找時，如果能用建築物來擋住燦爛的陽光就更好了。唯一的線索是金星距離太陽有多遠，所以在白天要找到金星是非常困難的挑戰。

〈白天的金星〉

© 日本國立天文台

 小知識 如果發生超新星爆炸時，白天也能看到它在天空中閃耀。

117

星星
宇宙
行星
地球
太陽
月球
星系
宇宙探索

南北半球天空中的星星移動方式都一樣嗎？

（關於星星移動的知識）

在不同的方位觀察星星，它們的移動方向看起來會不一樣，但它們其實是照自己的規律在移動。

一看就懂！ **3** 個重點

在南方天空，星星是從東向西移動

如果特別注意某一顆星星，會看到星星從東方地平線升起，然後慢慢地向南移動。接著它在南方的天空中從東向西移動，最後沉入西方的地平線。一顆從正東方升起的星星，最後會在正西方沉下；從東南升起的星星就會在正西南方落下。

在北方天空的運行方向和在南方天空時不同

即使在北方的天空中，從東方地平線升起的星星也還是會向南移動，但它們會像繞著北極星似地移動，最後沉到西方的地平線以下。從東北升起的星星，最後會在西北方落下。更靠近北極星的恆星，會一直在天空中繞著北極星轉，不會沉到地平線以下。

星星的排列位置其實是不變的

不管是在北方的天空還是在南方的天空，星星雖然看起來在移動，但它們的排列位置是不會改變的。這也是為什麼星座出現在天空中不同的位置，隊形卻不會改變。

〈星星一整天的移動〉

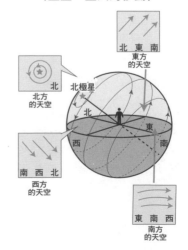

小知識 一顆從正東升起的恆星要花 12 小時移動才會在正西方落下。

為什麼星星有分紅色和藍色的？

〈關於星星顏色的知識〉

恆星的顏色和它的表面溫度相關，行星的顏色則是根據行星的大氣層和地殼狀態而變化。

一看就懂！ 3 個重點

星星是有顏色的

人的眼睛要在光線明亮的情況下才能辨別出顏色。例如，天蠍座的心宿二和獵戶座的參宿四是紅色的，天琴座的織女一是白色的、室女座的角宿一和獵戶座的參宿七是青白色的。愈明亮的星星，顏色就愈清晰好分辨。

恆星會因為表面溫度而呈現出不同的顏色

恆星的顏色會不同，是因為它們的表面溫度不同。紅色的星星溫度較低，星星的表面溫度愈高，顏色就會是橙色、黃色、白色，溫度更高就會是青白色。心宿二的表面溫度約為 3500℃，織女一的表面溫度約為 9500℃，而太陽是一顆溫度約為 6000°C 的黃色恆星。

大氣層的惡作劇

御夫座的五車二是一顆黃色的星星，剛進入冬天時，它會從東北地平線升起。這時候它的顏色能會快速地展現紅、綠、紫等變化，所以也有人叫它「彩虹星」。這是因為大氣層高空氣流在劇烈變化，才會讓五車二的顏色看起來七彩多變。

〈最具代表性的一等星的顏色和溫度〉

顏色	表面溫度（K）	例子
紅	~3500℃	心宿二（天蠍座）
橙	3500℃ ~ 6000℃	大角星（牧夫座）
		北河三（雙子座）
黃	6000℃	太陽
		五車二（御夫座）
淺黃	6000℃ ~ 7000℃	南河三（小犬座）
白	7000℃ ~ 1 萬℃	天狼星（大犬座）
藍	1 萬℃以上	角宿一（室女座）

小知識 火星呈現出紅色，是因為火星地表上覆蓋著紅棕色的土壤。

明明有星星，為什麼夜空還是那麼暗呢？

（關於宇宙有多遼闊的知識）

和宇宙相比，恆星的數量還是有限的，比 138 億光年更遠的恆星所發出的光是達不到地球的。

一看就懂！3 個重點

如果宇宙無限大，星星也無限多的話，那麼夜空就會像白天一樣亮了
遠處的星光雖然很微弱，但距離愈遠，空間就會愈大，星星也就愈多。照理說，有那麼多恆星，夜空應該要比白天亮幾萬倍才對。但事實上，我們看到的夜空都是暗的。這個疑惑被稱為「奧伯斯悖論」，長年來都是讓天文學家傷透腦筋的題目之一。

宇宙的年齡到現在有 138 億年了
20 世紀，美國天文學家哈伯（Edwin Powell Hubble）的觀測結果發現，宇宙正在不斷膨脹。連帶發現了宇宙是誕生於一場「大爆炸」。宇宙的年齡是 138 億年，也就是說，超過 138 億光年以外的光就傳達不到地球了。

星星並不是無限多的
從哈伯太空望遠鏡拍攝的圖像中，可以知道宇宙中有 2 兆個星系。換句話說，星星的數量並不是無限的。

〈奧伯斯悖論〉

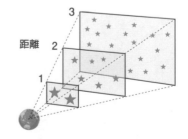

	距離1	距離2	距離3
外觀亮度	1	1/4	1/9
星星的數量	1	4	9

小知識　如果地球沒有大氣層，即使是有太陽的白天，天空也會是黑暗的。

宇宙探索

「日本的火箭發展」週
一 二 三 四 五 六 日

日本的宇宙探測是怎麼進行的？

關於日本的宇宙探測的知識

宇宙探測是從各大學進行的主題研究開始，
現在則是依照政府制定的宇宙基本計畫來進行。

一看就懂！3 個重點

一開始，由各種相關機構自行組織進行宇宙探測研究

從大學研究所開始發展起來的日本宇宙航空科學研究所，至今以來發射了許多科學用的衛星，包括日本第一顆人造衛星おおすみ（OHSUMI，大隅號）。日本政府方面則有以商用衛星為主要開發方向的日本宇宙開發事業團（NASDA），除了研發大型火箭之外，也發射了各種廣播衛星和氣象觀測衛星。

國際競爭性招標與行政改革

受美國貿易政策的影響，日本的技術應用型衛星也能在海外得到成本低廉的發射服務。同時，日本國家宇宙航空科學研究所、日本國家宇宙開發事業團和進行新一代太空船研究的航空宇宙技術研究所，合併成立了日本宇宙航空研究開發機構（JAXA）。

宇宙基本法則被創造

日本為了「以和平為目標前提利用宇宙」、「改善人民生活」、「促進工業發展」等原則，在 2008 年時針對宇宙開發制定法律。日本政府制定了「宇宙基本計畫」做為基礎，著手進行各種宇宙探測開發研究。

〈H-IIB 火箭〉

星星

宇宙

行星

地球

太陽

月球

星系

宇宙探索

小知識　日本預定在 2020 年代後半，達成日本太空人登陸月球的目標。

日本的第一枚筆型火箭是什麼樣子？

（關於筆型火箭的知識）

日本最早的筆型火箭由東京大學的系川英夫教授研製，是一枚長 23 公分、重 200 公克的火箭。

一看就懂！3 個重點

向新事物進行挑戰

東京大學的系川英夫教授團隊，當時並沒有投入日本已經落後其他國家的航空技術，反而挑戰當時全世界才正開始起步的火箭開發。他們的開發目標是在 IGY（國際地球觀測年）發射太空觀測用的火箭。

一開始只是一枚小火箭

首次發射時，用的是一枚長 23 公分、重 200 公克的火箭。那時因為預算很少，加上只能收集到少量火藥，所以沒能造出大型火箭。但便宜的小火箭卻為後來的研究收集到許多基礎數據。

水平發射

由於沒有能夠追蹤火箭用的雷達，所以這枚火箭採取水平發射。火箭飛了出去，衝破了滿滿偵測導線的紙屏障。藉由電子記錄下每一層紙屏障導線斷掉的斷電時間差，對火箭的速度變化進行觀察研究。

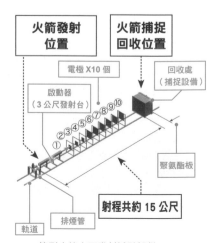

火箭發射位置

火箭捕捉回收位置

電極 X10 個

啟動器（3 公尺發射台）

① ② ③ ④ ⑤ ⑥ ⑦ ⑧ ⑨ ⑩

回收處（捕捉設備）

聚氨酯板

射程共約 15 公尺

軌道

排煙管

筆型火箭水平發射試驗設備

小知識 在日本國分寺市，有一座「日本宇宙開發發源地」紀念碑。

日本的 Kappa 火箭是什麼？

（關於 Kappa 火箭的知識）

它是日本以 IGY（國際地球觀測年）為目標研究開發的氣象觀測火箭。

一看就懂！3 個重點

IGY 期間是 1957 年 7 月至 1958 年 12 月

在 1955 年 4 月筆型火箭發射後不到幾年，日本就不得不馬上投入建造觀測高層大氣層用的火箭。隨著火箭的規模不斷擴大，名稱也從 Pencil Rocket 更改為 Baby Rocket 再到 Kappa Rocket。

Kappa 火箭是一種固態燃料火箭

世界上能達到 100 公里目標高度的，只有液體燃料火箭。固態燃料火箭製造起來比較簡單，但燃料一旦點燃，就很難熄滅，非常難控制。

Kappa 6 型終於能成功觀測

日本團隊克服了種種困難，終於在 1958 年 9 月，成功地觀測到 50 公里高空的風和溫度。當時的 Kappa 6 型是兩段式火箭，全長 5.4 公尺，重量 255 公斤。Kappa 火箭從那時起持續發展進步，到了 9 型時，已經能完成 350 公里高度的觀測。日本也正式迎來了觀測型火箭的時代。

K-6 火箭發射的一瞬間

小知識 當時只有美國、前蘇聯、英國和日本能夠用本國開發的火箭參加 IGY。

M-V 火箭是什麼樣的火箭？

（關於 M-V 火箭的知識）

是日本獨力研製、用來發射科學衛星的火箭系統，隼鳥號也是用它發射的。

一看就懂！3 個重點

日本原創開發的固態燃料火箭

繼觀測大氣層的 Kappa、發射日本第一顆人造衛星的 Lambda 火箭之後，緊接著又迎來新的固態燃料火箭 ——M-V 火箭。它總共將 6 顆衛星和探測器：はるか（Haruka）、のぞみ（Nozomi）、はやぶさ（Hayabusa）、すざく（Suzaku）、あかり（Akari）和ひので（Hinode）送上太空。

連必須衝出地球引力場的探測器也能用 M-V 火箭發射

固態燃料火箭不可能用來發射宇宙探測器，這可以說是世界性的常識了。但是日本的科學家投入了無數心力去調整，讓使用起來難度很高的固態燃料火箭能夠精細控制。現在已經可以使用輔助火箭把探測器發射到地球引力場之外了。

以固態燃料類型來說，這是世界上性能最強的火箭

1989 年，日本政府取消了「M-V 火箭直徑必須在 1.4 公尺以內」的限制。自限制解除以來，日本的相關團隊已經研發出尺寸和推進力都不可同日而語、世界上性能最高的固態燃料火箭了。

正在發射隼鳥號的 M-V 火箭 5 號

小知識　固態推進劑火箭的發動機稱為火箭引擎。

大型火箭是怎麼發明的呢？

關於液體燃料火箭的知識

宇宙開發事業團運用液體燃料製造了大型火箭，用來發射了技術應用類的人造衛星。

一看就懂！ 3 個重點

早期發射大型火箭的技術來自美國

由於固態燃料火箭很難製作更大的尺寸，為了加快開發液體燃料火箭，日本政府在 1969 年成立了日本宇宙開發事業團。引進了美國的火箭技術，製造出 N-I 火箭。後來又馬上開發出推進能力更強的 N-II 火箭，在技術上有了很大的進步。

所有的 N-I 火箭都發射成功了

N-I 火箭的第一段，跟 N-II 一樣是使用美國技術製造，但 N-I 的第二、三段火箭卻是用日本原創的技術製作。在 1986 年成功發射後，日本已經可以自行生產所有 N-I 火箭的零件，而製造出來的 9 枚 N-I 火箭全都完美的發射成功了。

發射技術應用衛星

N-I 火箭發射了氣象衛星「ひまわり」（Himawari）、廣播衛星「ゆり」（Yuri）、地球資源衛星「ふよう」（Fuyo）等技術應用型衛星。天氣預報、衛星廣播等等，開始進行許多和日常生活息息相關的宇宙探測開發工作。

N-I 火箭 3 號發射了日本第一顆地球同步衛星

 小知識 日本是世界上僅次於美國、前蘇聯和英國，第四個發射地球同步衛星的國家。

H-IIA 是
什麼樣的火箭？

（關於 H-IIA 火箭的知識）

H-IIA 是把完全由日本製造的 H-II 火箭提高穩定度，並把成本降到一半以下的火箭。

一看就懂！**3** 個重點

把 **H-II** 火箭重新加以設計

在商用火箭的研製已經進入國際性競爭的時代，日本致力於開發出除了高性能，還要有足夠穩定度、低成本等優點的火箭。團隊放棄原先對零件數量、工序、日本生產零件等等堅持，把 H-II 的內部加以全部重新設計，在 2001 年成功地發射了 H-IIA 1 號火箭。

高性能的火箭

H-IIA 火箭的推進力變得更強大了，在加上運送的衛星重量後，連結在第一段火箭後面的固態燃料助推器，還能夠從原來的 2 個加到 4 個之多。2009 年，它甚至 1 次運送了 8 顆衛星。此外，它的第 2 段引擎能夠重新點火，將衛星正確地送到更遠的軌道上去。

20 年間的發射成功率達到 **97.8%**

H-IIA 火箭在 2001 年至 2021 年間共發射了 45 次，只有在 2003 年失敗過 1 次。 憑藉高成功率，H-IIA 贏得了海外各界的信賴。

搭載 4 具固態火箭助推器的 H-IIA 29 號

小知識 H-IIA 火箭預計在第 50 號火箭發射後停產。

基幹火箭是什麼樣的火箭？

〈關於基幹火箭的知識〉

這是一種為了日本想把東西送上太空時能不受外國干涉而開發的火箭。

一看就懂！ 3 個重點

不受外國干涉就能自行發射的火箭

使用外國技術製造的火箭，用途會受到原技術開發國的要求與限制，比如只能用來發射觀測衛星之類。基幹火箭是一種可以不受外國影響，讓日本能夠自由地將物品運送到宇宙的系統。H-II A/B 型火箭和艾普斯龍（Epsilon）運載火箭，都是日本政府指定的基幹火箭。

艾普斯龍運載火箭

艾普斯龍運載火箭活用了 M-V 和 H-IIA 固態燃料火箭技術，在 2013 年發射 1 號機。創下了低人數控管發射工作、同時載運多顆衛星等多項優秀的成果。

H3 火箭

H-3 是繼 H-IIA/B 火箭之後的下一代基幹火箭。保留了 H-IIA/B 運載火箭的先進技術和高穩定度，改良出成本更低、更易於使用的火箭。更新了第一段引擎和固態火箭助推器的數量，變得能夠發射各種尺寸和軌道的衛星。

〈各種 H3 火箭機體〉

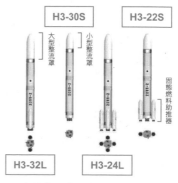

H3-30S 大型整流罩　H3-22S 小型整流罩　固態燃料助推器

H3-32L　H3-24L

32L 中的「3」代表第 1 段火箭的發動機數量，「2」是固態火箭助推器的數量，S、L 代表整流罩的尺寸。

星星
宇宙
行星
地球
太陽
月球
星系
宇宙探索

地球的公轉有什麼特徵？

（關於地球公轉的知識）

由於地球的公轉，地球與太陽的關係
會有周期性的變化。

一看就懂！**3**個重點

地球的公轉軌道不是圓形，而是微橢圓形

地球繞太陽公轉，長度約 1.5 億公里，運行一圈的軌跡就叫做公轉軌道。這個軌道不是以太陽為中心的圓形，而是橢圓形。因此，太陽和地球距離有時候近、有時候遠。

地球公轉周期是一年？

地球繞太陽轉一圈所需要的時間稱為公轉周期。地球公轉周期是一年，準確地說是 365.24 天。我們用的公曆和地球公轉之間有一點點差距，所以每 4 年就會有一個閏年來校正這個差距。

地軸會對公轉平面保持傾斜

由一圈軌道形成的平面，叫做公轉平面。地球是在保持傾斜的自轉狀態，一邊繞太陽公轉。所以，太陽的高度在一年裡會有周期性變化。

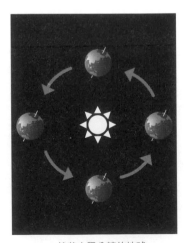

繞著太陽公轉的地球

小知識 地球軌道（橢圓形）以 10 萬年和 40 萬年為周期出現變化。

從地球上看到的星星周年運動是什麼？

〈關於星星周年運動的知識〉

夜空中的星星，位置會隨著每天過去而出現變化，這就是星星的周年運動。

一看就懂！ **3** 個重點

但每天看到的星空感覺都和前一天一樣？
由於星星的周日運動，人們在今晚可以看到和前一天同時間一樣的星空。但如果和一個月前相比，會發現星星出現的位置略微偏向西方。時間過去，星星會不停地移動。這就是星星的周年運動。

觀測星星周年運動的方法
一顆星星隨時間從東向西移動的周日運動，並不是 24 小時內轉 360°，而是轉了 361°。也就是說，星空每天都會向西多偏移 1°。這多出來的 1°就是形成星星的周年運動的原因。把 1°的旋轉，乘以 365 天（一年），星星就回到了去年的位置了。

星星的周年運動是由於地球公轉而形成
地球會花上一年（365 天）時間繞太陽轉一圈。也就是說，地球每天會在公轉軌道上運行 1°。星星們的周年運動就是由地球自轉而形成的視運動。

〈星座的周年運動〉

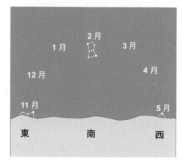

隔一個月在同一時間觀測星座，會發現所有星座同向西移動約 30°。此外，在同一位置看到星座的時間，每個月會提早約 2 小時。

小知識 北極星附近的星星整年都看得到。

黃道是什麼？

（關於黃道的知識）

太陽在天球上的運行路徑就是人們說的「黃道」。

一看就懂！ 3 個重點

在星空背景上畫出移動軌跡的太陽

我們只能在日出到日落之間，也就是白天才能看見太陽。大白天是看不到星座的，其實白天的天空也是有星座的，只是人們看不到而已。大家可以試著想像一下太陽在隱形的星空背景上劃過天空的模樣。

位在太陽後面的星座

直到日出前 60 分鐘左右，天還是黑的，我們還可以看到星座。那時，太陽應該在東方地平線附近的星座後面（東邊）。繼續觀察日出前的星空，就會知道太陽背後的星座是哪些了。

太陽背後的星座每天都會錯開一點點

如果連續觀測日出前的星座一個月，會發現太陽和它後面的星座位置是逐漸錯開的。這是因為地球公轉形成了星星的周年運動。

〈以地球為中心的天體圖〉

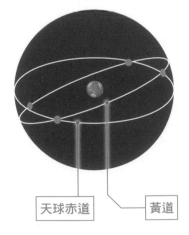

天球赤道　　黃道

小知識 如果在天空中畫一條串連起太陽系行星的曲線，差不多就是黃道了。

黃道 12 星座 是什麼？

關於黃道 12 星座的知識

黃道 12 星座就是指黃道經過的 12 個星座。

一看就懂！ **3** 個重點

12 星座的起源

太陽的運動為我們生活的地球帶來季節變化，這是自古以來人類就深刻了解的重要知識。普遍認為，12 星座的起源是由於當時的人想要藉由天亮前能看到的星星排列來確定太陽的位置。

大小各自不同的黃道 12 星座

星星們獨特的排列組合，在人類文化的發展中和神話相結合，是 12 誕生星座的起源。由於注重的是星星的排列，所以每個星座的大小並不一樣。

黃道上其實有第 13 個星座

1928 年，國際天文學聯合會重新制定劃分星座，蛇夫座因而被歸在了黃道上，黃道穿過的星座數量變為 13 個。

〈黃道上的星座〉

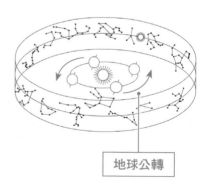

地球公轉

由於地球的公轉運動，太陽看似經過了黃道上的一個個星座。

星星
宇宙
行星
地球
太陽
月球
星系
宇宙探索

小知識 在日本，所有星座名稱都是用平假名或片假名書寫。

星座占卜和 12 星座有關係嗎？

（關於星座占卜的知識）

占星學裡的黃道 12 宮和天文學裡的黃道 12 星座彼此沒有關聯。

一看就懂！ 3 個重點

占星的起源

大約 5000 年前的美索不達米亞一帶，行星、月亮和太陽被當時的人奉為神明，他們觀察「神」來預測政治、農業（天氣）等等。後來傳到希臘，有人把黃道平均劃分成 12 等分的黃道 12 宮和生日加以聯結，用來預測個人的運勢。

黃道 12 宮是什麼？

占星學裡的黃道 12 宮雖然標示了各個星座的名字，但其實只是用來劃分黃道，並沒有對應真實黃道上的星座。例如占星學上，一個誕生星座是「牡羊座（白羊座）」的人，他生日時，太陽經過的其實是雙魚座。

占星術沒有科學依據

占星術把正確的星空觀測和地球上的自然現象、社會現象和個人運勢加以聯繫，用於預測未來。因為它建立在確實存在的觀星基礎上，讓人感覺占星術好像有一些科學原理，但其實星座占卜並沒有任何科學依據。

〈太陽經過的黃道 12 星座〉

星座名	太陽經過的日期
雙魚座	3/13 ～ 4/19
白羊座	4/20 ～ 5/14
金牛座	5/15 ～ 6/21
雙子座	6/22 ～ 7/20
巨蟹座	7/21 ～ 8/10
獅子座	8/11 ～ 9/16
室女座	9/17 ～ 10/31
天秤座	11/1 ～ 11/23
天蠍座	11/24 ～ 11/30
人馬座	12/19 ～ 1/19
摩羯座	1/20 ～ 2/16
寶瓶座	2/17 ～ 3/12

小知識 在占星術中，沿黃道運行的太陽系行星的位置也很重要。

為什麼 1 月總是最寒冷？

（關於最寒冷時節的知識）

因為 1 月時地球表面空氣的熱度不是來自太陽光線，而是被海面的熱量加熱。

一看就懂！ 3 個重點

溫暖地球的陽光

我們在曬到陽光時會感到溫暖（熱）。地球也一樣，夏季白天長的時候氣溫高，冬季白天短的時候氣溫就低。此外，太陽位置在地平線以下的夜晚，溫度也會比白天低。

陽光只是穿過空氣，沒有太多影響

即使陽光照射到地球表面附近的空氣，空氣的溫度也不會因此升高。因為空氣的溫度來自於被太陽光線加熱的地球表面和海面，是被地球蓄積起來的熱量間接加熱。所以，白天的時間和溫度變化之間會有時間差。

地面和海面會蓄積熱能

地面和海水從太陽光線中吸收的熱量之後，再慢慢把熱量釋放到外界。所以，一天中溫度最低的時刻會在黎明之前，而不是太陽下山之後。同樣地，即使進入冬天了，地球的表面和海水還保存著一些熱量，最後到 1 月左右冬末時，才會出現最低氣溫。

〈1 年間的溫度變化圖〉

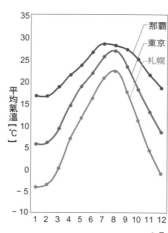

那霸
東京
札幌

平均氣溫〔℃〕

〔月〕

小知識 夏季的最高溫是在 8 月初前後，而不是在夏至前後。

星星　宇宙　行星　地球　太陽　月球　星系　宇宙探索

星星
宇宙
行星
地球
太陽
月球
星系
宇宙探索

季節和自轉、公轉有什麼關聯？

關於地球的運動和四季變化的知識

季節發生變化，是因為地球保持旋轉軸傾斜在自轉和公轉的關係。

一看就懂！3個重點

季節變化和與太陽的距離

由於地球的軌道是橢圓形的，所以地球離太陽有時遠有時近。但是距離的變化對季節的變化影響不大。實際上，北半球夏天時，反而是離太陽比較遠的時期，冬季反而離太陽比較近呢。

氣溫和晝夜的長短

在北半球的夏季，地球是北極向著太陽在自轉。所以太陽會在北半球天空的高處，接收到的陽光很多，氣溫也會升高，白天的時間較長。同時間在南半球，就是完全相反的情況。

旋轉軸保持傾斜

地球的旋轉軸會以黃道面做為水平，永遠保持同一方向、同一個傾斜角度（66.6°），繞著太陽公轉。地球也就因為周期性（每年）地讓北極或南極更向著太陽，而形成了季節（氣溫高低和晝夜長短）變化的現象。

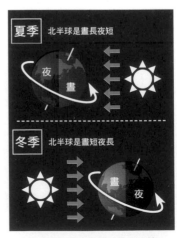

地球在地軸傾斜的狀態下公轉
（夏季和冬季的不同）

  小知識 地軸的方向和傾斜度，會以幾萬年為周期發生變化，到時候也會影響到地球上的季節。

流星是怎麼形成的？

關於流星的真面目的知識

流星是宇宙中浮游的沙粒或其他物體，墜入地球大氣層產生的發光現象。

一看就懂！ 3 個重點

沒有一顆叫做「流星」的星星

有時候在夜空中會突然劃過一道白光，那就是人們說的流星。「流星」這個名字讓人以為它是宇宙中的某顆星星，但流星其實是地球大氣層中發生的一種發光現象，實際上並不存在稱為流星的星星。

流星的真面目

當漂浮在地球軌道附近的塵埃落入地球軌道並與地球大氣層碰撞時，大氣層會分解成原子核和電子等電漿形態，發出光芒。大多數塵埃都會消失在大氣層中。這就是流星的真面目。特別明亮的流星現象被稱為火球（火流星）。

每晚都可以看到流星

如果想看到流星，可以在沒有月光的時候，找一個黑暗的地方，持續觀察夜空約一個小時。這樣說不定就能看到 2、3 次流星哦。

〈海拔 100 公里的流星〉

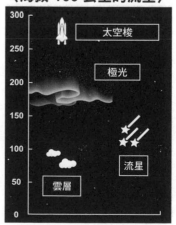

太空梭

極光

流星

雲層

300
250
200
150
100
50
0

小知識　流星體發光不是因為它與大氣摩擦而產生高溫，而是因為它造成了大氣層的絕熱壓縮。

星星

宇宙

行星

地球

太陽

月球

星系

宇宙探索

流星是從哪裡來的呢？

關於流星體起源的知識

大多數成為流星的粒子都來自太陽系中的小天體。

一看就懂！3 個重點

彗星帶來了流星體（塵粒）

太陽系中的彗星是那些成為流星的流星體（塵粒）誕生的原因之一。當彗星接近太陽時，會噴射出直徑約 1 ～ 10 公釐的沙粒或小石頭般的顆粒。許多這樣的顆粒會在彗星軌道附近飛散。

小行星也會產生流星體

太陽系裡有許許多多小行星，有時它們會相互碰撞，當它們碰撞時，小行星碎片會噴飛，變成大大小小的流星體。

星際天體也產生流星物質？

據推測，2017 年發現的星際天體（來自太陽系外的物體）斥候星（Oumuamua）會藉噴射宇宙塵埃和氣體而加速。這類塵埃據相信也會成為流星體，透過這類詳細的流星觀測，我們發現了來自星際天體的流星。

星際天體

小知識 在黃道面漂流的流星體，在日出之前或日落之後會形成黃道光。

流星有分顏色嗎？

關於流星的顏色的知識

用我們的眼睛看到的流星大部分是白色，
但流星其實有很多不同的顏色。

一看就懂！ 3 個重點

大多數流星看起來都是白色

我們用肉眼觀察到的大多數流星，看起來都像是一道細細的白光。對人類用來感知顏色的感光細胞來說，流星發出的光太微弱，一瞬間就消失了，所以無法分辨出顏色。如果是明亮的流星或流星的照片，則可以看到顏色。

為什麼流星會有顏色？

流星的光是流星體和地球大氣層碰撞產生的高溫等離子體發出的。分離成等離子體的元素類型不同，顏色也就不同。流星體如果含有很多鎂，發出的光會是綠色的，大氣中的氮是紅色的，氧是綠色的。

分析光譜就能知道流星體的成分

如果在相機鏡頭上加裝分光稜鏡來拍攝流星的話，就可以看到流星的光包含哪些顏色。從它的顏色可以推斷出流星體（塵粒）的小天體的結構成分。

〈流星的顏色〉

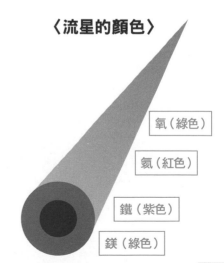

氧（綠色）

氮（紅色）

鐵（紫色）

鎂（綠色）

小知識 每個人感知到的流星顏色都不完全相同。

流星劃過的時間大概是幾秒呢？

（關於流星劃過時間的知識）

流星有分劃過時間長的和短的，不過真正發光的時間都在 1 秒左右。

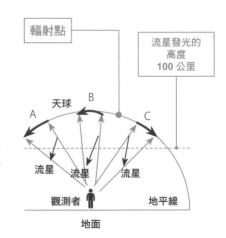

一看就懂！**3** 個重點

流星體下墜的速度

墜向地球的流星體（塵粒）落向地球的速度約為每秒 40 ～ 60 公里。從一顆流星發光的高空（距離地面 85 ～ 115 公里）以和地平線成 30 ～ 90 度角掠過，需要的時間是 0.5 ～ 1.5 秒（約 1 秒）。

也有完全不動的流星

如果一顆流星是朝著觀測它的人飛過來，流星的視覺路徑就會是一個點而不是一條線。如果在什麼都看不見的夜空中，突然間有光點出現又迅速消失，那就是一顆朝你飛過來的流星。

我們看到的是表觀速度

流星往地球墜落的方向和觀測者的位置，會讓人以為流星的外觀有長有短。其實長、短流星的發光時間同樣都是一秒鐘左右，但外觀較長的流星，視覺上好像更快。

A ～ C 是在星空（天球）看到的畫面

小知識 獅子座流星雨中流星體的下墜速度非常快，高達每秒 70 公里。

流星雨是怎麼形成的？

（關於流星雨成因的知識）

因為有彗星噴射出的大量流星體墜向地球。

一看就懂！3 個重點

彗星噴射出大量會形成流星雨的塵粒

流星雨是指在某一天出現了大量流星。當彗星靠近太陽時，往往會拖長離子尾，並釋放出大量塵粒。這些塵粒在彗星軌道上會以帶狀跟著前進。產生流星雨的彗星被稱為流星雨的母彗星。

流星雨的周期性

母彗星和太陽系中的行星和小行星一樣，會圍繞太陽公轉。因此，每一次母彗星靠近太陽，都會釋放流星體（塵粒），母彗星每公轉一個周期，流星的數量隨著而就會增加更多。

流星雨的外觀

流星雨塵粒在母彗星的軌道上朝相同的方向飛行。當它們平行碰撞地球，往地球墜落時，流星看起來會像是從星空中的某一個點（輻射點）往四面八方飛散。其實這和兩條平行軌道的遠處，看起來像匯合了似的，是同一個原理。

流星雨看起來有輻射點的原因

小知識 不在流星雨群體裡的流星，路徑沒有規律性（輻射點），被稱為散亂流星。

為什麼每年都能看到流星雨呢？

（關於流星雨每年來訪的知識）

因為母彗星和地球各自的公轉軌道有交差。

一看就懂！ 3 個重點

母彗星和地球的公轉軌道

母彗星圍繞太陽公轉時的軌道，大多呈現細長的橢圓型。橢圓形的軌道和近乎圓形的地球軌道有時會相交，而地球每年都在同一時間經過那個交會點，所以每年都能看到流星雨。

一顆母彗星產生了兩場流星雨

5 月初前後可以看到的寶瓶座 η 流星雨，和 10 月下旬的獵戶座流星雨是雙胞胎，因為它們的母彗星都是哈雷彗星。由於它們與地球的碰撞角度不同，所以流向看起來不同。

每年出現的日期不會完全一樣

彗星接近太陽時，形狀和大小會發生變化，要是經過木星或土星附近，甚至連公轉的軌道都可能會發生偏移。所以彗星每次發射的塵粒數量會不一樣，流星雨活躍的日期和時間，每年也不會完全相同。

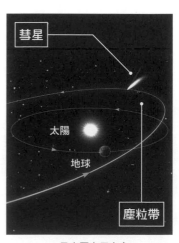

彗星

太陽

地球

塵粒帶

© 日本國立天文台

小知識 由於塵粒分布不均勻和受到靠近時月球引力影響等等，流星雨每年看起來都不會一樣。

流星雨有多少個呢？

（關於流星雨數量的知識）

有多少個彗星的軌道和地球的公轉軌道相交，就有多少流星雨。

一看就懂！ **3** 個重點

流星雨有非常多

太陽系中大約有 4000 顆彗星，其中會在地球公轉軌道附近經過的就有 2000 顆。如果這些彗星都是流星雨的母天體，那麼每天都會有看不完的流星雨。日前已知的流星雨數量是 112（截至 2021 年）。

可以看到特別多流星的三大流星雨

在晴空、無月光、高輻射點等理想觀測條件下，每小時能看到約 100 顆流星的流星雨，目前有 3 個，被人們稱為「三大流星雨」。1 月的象限儀座流星雨中，比較多暗的流星；8 月的英仙座流星雨則是亮的流星多；而每年 12 月的雙子座流星雨都會穩定報到，很容易觀測。

每年都能看到的常態流星雨

在理想的觀測條件下，每小時流星雨的數量在 15 顆或以上的流星雨，是 4 月、5 月的天琴座流星雨和 7 月的寶瓶座流星雨，10 月的天龍座、獵戶座流星雨，以及 11 月的獅子座流星雨。

〈大型流星雨〉

流星雨	活躍期	出現數量（每小時）
象限儀座流星雨	1 月 4 日	120
天琴座流星雨	4 月 22 日	18
寶瓶座 η 流星雨	5 月 6 日	40
寶瓶座 δ 流星雨	7 月 30 日	16
英仙座流星雨	8 月 13 日	100
天龍座流星雨	10 月 8 日	20
金牛座南流星雨	10 月 10 日	5
獵戶座流星雨	10 月 21 日	15
金牛座北流星雨	11 月 12 日	5
獅子座流星雨	11 月 18 日	15
雙子座流星雨	12 月 14 日	120

© 日本國立天文台

小知識　流星雨是以活躍日子裡輻射點所在的星座或行星命名。

宇宙中最多的原子是哪一種？

（關於原子種類的知識）

原子結構最簡單的氫和氦原子，佔了絕大多數。

一看就懂！3個重點

早期宇宙只靠氫原子和氦原子就形成了

宇宙誕生後，宇宙冷卻並開始形成原子。最早形成的是原子中結構最簡單的氫原子和結構第二簡單的氦原子。幾億年來，宇宙都是由 76% 的氫原子和 24% 的氦原子的質量比所組成。

氫和氦原子的結構

原子中心的原子核由質子和中子組成，原子核周圍還有電子。氫是原子核具有 1 個質子或 1 個質子＋1 個中子和 1 個電子的原子。氦的原子核有 2 個質子＋2 個中子，電子有 2 個。

目前的宇宙是 98% 的氫和氦

現在宇宙中有 75% 的氫、23% 的氦、1% 的氧、0.4% 的碳、0.4% 的氖、0.1% 的鐵、0.1% 的氮等，種類比早期宇宙多出不少。氫和氦以外的原子是瀕死的恆星內部產生出來的。

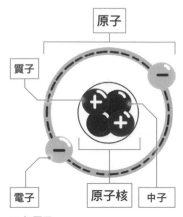

原子
質子
電子　原子核　中子

※ 氦原子

小知識 宇宙中原子的類型和比例，因研究人員的研究方向不同，得出的結論也有所不同。

鐵的原子是從哪裡來的？

關於鐵原子如何形成的知識

鐵的原子是由一顆垂死恆星內部的氦原子反覆發生的核融合反應形成的。

一看就懂！ **3** 個重點

每顆年輕的恆星都會有一段穩定期
恆星透過核融合反應產生熱和光。每顆年輕的恆星，都會有一段持續發光的穩定期。但是，所有恆星最後都會因為核融合反應的材料用完了而死亡（生命終結）。恆星會怎麼死亡，要看它本身的大小。

小型恆星會靜靜地消失
大多數的恆星都是默默地消失，例如質量不到太陽一半的恆星，它是利用核心中的氫來進行核融合，燃燒速度非常緩慢的（成為黑矮星）。

大型恆星死亡時會產生重的原子
當像太陽這樣的中型恆星或大型恆星，在原子核中的氫原子用完（垂死狀態）時，就會引發氦的核融合，過程中甚至會產生鐵之類的重原子。例如，3 個氦原子在核融合反應後會融合形成碳原子。

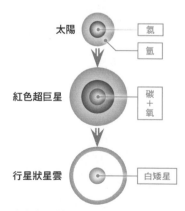

類似太陽的恆星，死亡的過程是會先成為紅色超巨星、再來是行星狀星雲，結構完全逸散後，剩下的是白矮星，最後冷卻為黑矮星。

小知識 氧原子是由碳＋氦 4 的核融合產生的。

金的原子是從哪裡來的？

（關於比鐵更重的原子的知識）

比鐵重的原子是在超新星爆炸中產生。金、銀和白金等等，都是這樣被創造出來的。

一看就懂！ 3 個重點

連鐵原子都造出來了的宇宙發展史
宇宙的起源：138 億年前的大爆炸→形成氫和氦原子產生→引力作用形成恆星→出現能夠自行發光的恆星→透過恆星內部的核融合產生各種元素。最後終於連鐵原子都造出來了。

大型恆星會發生超新星爆炸
任何質量超過太陽 8 倍以上的恆星都會迎來非常激烈的結局。它會先變成一顆紅色超巨星，接著發生比太陽亮 10 億倍以上的超新星爆炸。為什麼把死亡說是超新星呢？因為恆星在夜空中突然放射出更強烈閃耀的光芒，看起來就好像一顆新星誕生了。

〈超新星〉

超新星爆炸時，產生出比鐵更重的原子
在我們的銀河系中，據推定超新星爆炸大約每 100 ～ 200 年發生一次。 超新星爆炸時會產生出比鐵重的原子，例如金原子等等。新創造出來的原子會散布到整個宇宙中。

夜空中的某一顆星星突然大放光芒，讓人覺得好像是一顆新的星星誕生了，所以人們把這種現象命名為超新星爆發。

小知識 原子的種類叫做元素。相同元素的原子，其原子核中的質子數量相同。

組成地球的原子種類有哪些？

（關於地球成分有哪些原子的知識）

和宇宙十分相似的地球，由 92 種原子組成。

一看就懂！3 個重點

因為恆星或超新星爆炸而散布到宇宙中的原子們

由一顆恆星的緩慢死亡或劇烈的超新星爆炸，而飛散到宇宙各處的原子們，會慢慢地形成下一顆新的星星。也就是說，恆星的死亡，會成為形成下一顆星星的原料。

地球所在的太陽系中，也是相同的成分材料

太陽系是在大約 46 億年前，誕生於氣體和塵埃等所組成的巨大宇宙雲。是由大爆炸產生的氫和氦以及恆星和超新星爆炸噴散到宇宙中的原子所組成。

構成宇宙和地球的原子，有 92 種

元素週期表總結了原子的類型（元素）。目前，已被正式命名的有 118 種元素。然而，從原子序 93 的錼開始，都不是自然產生的元素，是人類透過加速器內的碰撞創造出來的。

超新星爆炸所噴散的原子，聚集之後慢慢形成了一顆新的星星

小知識 因為地球離太陽近到一個程度，所以才會是由很難變成氣體的原子和化合物來構成。

人體是由什麼樣的 原子組成的呢？

關於生物的原子的知識

地球上的生物都是由地球元素組成，
但追溯根源的話，它們都是宇宙元素。

一看就懂！**3**個重點

地球上的生物是由來自宇宙的元素組成的
大爆炸之後產生的氫、氦，其他在恆星末期和超新星爆炸中產生的大約 90 種元素，形成了宇宙和地球所在的太陽系。從原始生命的誕生，經過生物進化，最後出現了各種各樣的生物，但説到頭來，生物仍然是由宇宙元素構成的。

構成人體的元素，第 1 ～ 4 名是氧、碳、氫和氮
以質量來説，人體約有 60% 是水，而水是氫和氧的化合物（水分子 H_2O 有兩個氫原子和一個氧原子鍵結在一起）。除了水以外，人體重要的物質是蛋白質，這是一種由碳原子、氫原子、氧原子和氮原子結合而成的物質。

構成人體的元素是逐漸變化而來
構成我們的元素的原子最早是誕生於宇宙，經過種種變化才變成現在的樣子。例如，碳就在食物裡。如果追蹤食物中的碳，會發現植物在光合作用過程中吸收了二氧化碳，長成後就成為我們的食物。

〈人體元素的成分比（質量）〉

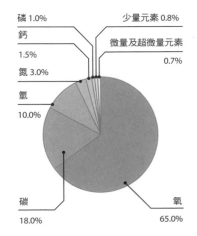

磷 1.0%
少量元素 0.8%
鈣 1.5%
微量及超微量元素 0.7%
氮 3.0%
氫 10.0%
碳 18.0%
氧 65.0%

小知識 有一種放射性原子，會一邊發出輻射線並讓其他原子產生變化。

暗物質是什麼？

關於暗物質的知識

它是一種會影響行星和星系的「眼睛看不見、具有引力的未知物質」。

一看就懂！ 3 個重點

由 1930 年代的天文學家提出

觀測星系團中星系的運動時，許多現象讓人不得不推測它們並非只有相互的引力影響，必定還有其他引力在發揮作用。因此，這種發出引力的未知物質就被命名為暗物質（Dark Matter）。

以引力透鏡現象來觀測

愛因斯坦的廣義相對論（宇宙中的空間和時間受引力支配的理論）解釋了引力透鏡現象的原理。具有巨大引力的物體，它的引力場會扭曲後面物體發出的光線，整體畫面看起來像一個透鏡。利用這種引力透鏡現象，科學家才能研究電磁波無法感測到的暗物質有多少、分布在哪裡。

可能是一種未知的基本粒子

目前認為暗物質在宇宙中的數量比普通原子組成的物質多 5 ～ 6 倍，但關於暗物質還有太多未解之謎，它很可能是一種人類未知的基本粒子。

地球被暗物質包圍的假想圖

小知識 暗物質的名字來自於「無法被電磁波（光、X 射線、紅外線等）觀測到的物質」。

星星
宇宙
行星
地球
太陽
月球
星系
宇宙探索

暗能量是什麼？

關於暗能量的知識

科學家推測暗能量是使宇宙膨脹速度超過預期的原因。

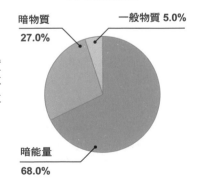

一看就懂！3 個重點

目前宇宙正在加速膨脹

大爆炸之後，宇宙雖然會繼續膨脹，但預計引力會成為制約力，減慢膨脹速度才對。然而，在 1998 年，人們發現遙遠的超新星爆炸，後退的速度比現有的理論預測的還要快。也就是說，宇宙的膨脹速度其實比人類預期的要快。

宇宙膨脹加速的原因

為了解釋宇宙受到一種力量影響，才會違反引力原則急速膨脹，科學家們提出了暗能量理論。

暗能量的真面目毫無線索

確實有一些證據表明暗能量的存在，但它的真實狀態完全是一個謎。不僅天文學家，連研究基本粒子的物理學家也都參與其中，試圖解開暗能量的謎團。

〈宇宙的構成〉

暗物質 **27.0%**

一般物質 **5.0%**

暗能量 **68.0%**

在宇宙的總物質量中，只有少數是原子序 92 以下的普通原子，大部分都是神秘的暗物質和暗能量。

小知識 也有一些科學家質疑暗能量是否真的存在。科學界對暗能量的結論太讓人期待了。

地球是什麼時候誕生的？

（關於地球新生的知識）

大約 46 億年前，地球由太陽系中圍繞太陽旋轉的物質聚集而誕生。

一看就懂！ 3 個重點

太陽誕生後，由圍繞太陽旋轉的物質聚合形成

自太陽噴散出來的氫和氦，稀薄地散布在宇宙空間中流散旋轉，慢慢聚集成圓盤形，逐漸冷卻並開始形成直徑幾公里的星子。星子相互吸引、反覆碰撞，成長成地球等原行星。

構成地球的物質從何而來？

氫、氦來自太陽，更重的元素是其他恆星的超新星爆炸、中子星和黑洞的聚結中誕生後，種種物質漂散到宇宙空間，因為撞擊而結合，聚集得愈多、愈重，引力也就會更強，把更多物質拉過來。

什麼證據可以證明地球有 46 億年的歷史？

太陽系中與地球一起形成的古老月球岩石或隕石等等，都和地球有相同的成分和結構，運用放射性碳定年法鑑定這些石頭，得出了地球的年份。比較岩石中含有的放射性元素鈾以及會使鈾產生衰變的鉛的比例，確定了這些岩石的年份大約都在 45.5 億年左右。

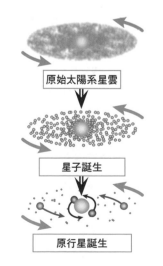

原始太陽系星雲

星子誕生

原行星誕生

小知識 地球上最古老的礦物殘存在現今澳洲西部，根據研究估計有 44 億年歷史。

星星　宇宙　行星　地球　太陽　月球　星系　宇宙探索

149

熔岩海洋是什麼？

（關於滾燙地球的知識）

地球剛形成時，地表是一大片熾熱的熔岩海洋。

一看就懂！ 3 個重點

地球是由許多星子反覆碰撞形成，溫度極高

星子在碰撞和合併時，本身所帶有的能量會使它們不斷被加熱。熱度雖然會從地球逸出到宇宙空間，但星子排放出來的二氧化碳和水蒸氣，形成大氣層覆蓋住地球，阻止了熱量的散失。當時地球表面變得無比炎熱，連岩石都熔化成了覆蓋地球的岩漿海。

熔岩海洋形成了地球內部結構

大約 44 億年前，地球和火星大小的天體相撞，造成了月球的誕生。這場大碰撞讓地球連地核都熔化了，鐵之類的重金屬沉入岩漿海，較輕質的岩石漂在上層，這也讓地球內部的地核和地函完全分離。

熔岩海洋冷卻後產生硬化

熔岩海洋逐漸冷卻，表面變硬形成地殼，大氣層裡的水蒸氣也變冷，下了極大量的雨水，形成海洋。接著二氧化碳融入海洋中，大氣層的隔熱效果變弱，溫度繼續下降，熔岩終於完全冷卻成為岩石。

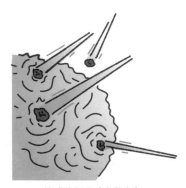

地球的起源（岩漿海）

小知識 由於二氧化碳和水蒸氣是會形成溫室效果的氣體，因此地球的熱度不會散出去。

雪球地球是什麼？

（關於寒冷的地球的知識）

地球的整個大地被厚厚的冰覆蓋，
變得像一個雪球，也稱為冰封地球。

一看就懂！ 3 個重點

根據研究，原來地球已經冰封過 3 次

現在已知冰封地球發生過 3 次，分別在大約 22 億年前、約 7 億年前、約 6 億年前。由於在世界各地（包括赤道）都發現了這 3 個時間點由冰川挾帶的岩石，加上這也能解釋大型帶狀鐵礦床的形成原因，人們才開始相信冰封地球的理論。

地球是怎麼冰封的？

大約 27 億年前，陸地面積增加，岩石不斷往外擴大分布。大量流入海洋的離子與大氣中的二氧化碳結合，積聚在岩石中。隨著大氣中二氧化碳的減少和溫室效應的下降，地球開始迅速冷卻。當冰層變厚，地球呈現白色時，它會反射陽光，無法蓄積融冰的熱量，冰封狀態似乎持續了數億年至數千萬年。

後來地球又是怎麼變暖的？

即使地球被冰覆蓋，但地殼中的火山仍繼續活動，它會向大氣中釋放更多的二氧化碳，快速地讓地球回到暖化狀態。當溫度高到足以融化冰層時，被溶入雨中的二氧化碳和水一起滲入岩石層，又使地球的高溫降低而逐漸達到宜居。

被厚實冰層覆蓋的白色地球。
（想像圖）

小知識 二氧化碳的增加或減少是改變地球溫度的關鍵。

星星
宇宙
行星
地球
太陽
月球
星系
宇宙探索

地球內部是什麼樣子呢？

關於地球內部構造的知識

地球內部像白煮蛋一樣分為三層。地球內部很熱！

一看就懂！3個重點

大陸是地殼較厚的部分，海洋是地殼較薄的部分
地殼是形成地球表面的一層岩石和土壤，厚約 5 ～ 70 公里。但是，如果和地球大約 6370 公里的半徑相比，地殼也就像是蛋殼一樣而已。地殼岩石的主要成分是矽和氧，還有少量的鐵和鋁。

地函就像水煮蛋的蛋白
地函是地球結構中最厚的一層，達到約地表下 2900 公里的深度。它在地球內部的高溫下熔化成黏黏的熔岩，在地底下緩慢地對流循環，地殼和上部地函也會被它拉著一起移動。地函的壓力和密度隨深度增加。

水煮蛋蛋黃代表了地球的核心，那裡是重金屬集合而成
地球中央的核心分為兩部分，外核心深至地下 5100 公里，由熔化的液態鐵和鎳組成，產生了地球的地磁。最深的中心是內核心，由固體的鐵和鎳組成。雖然它的溫度比外核更熱，但由於超高的壓力，所以會成為固體。

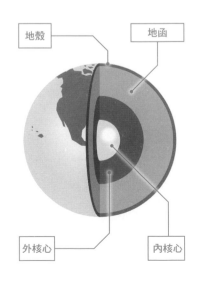

地殼　地函
外核心　內核心

小知識 根據研究，地球中心的溫度大約為 5500°C，壓力為 356 萬個大氣壓力。

為什麼能知道地球的內部構造？

關於探查地球內部的知識

由於地球是許多岩石組成的，探索它的內部並不容易。

一看就懂！ 3 個重點

地球內容物的差異反映在地震波傳播方式的差異上

大家知道選好吃西瓜的訣竅是要敲敲看嗎？在地球上，可以用地震波的傳播方式來觀測地球內部，因為地震波是可以傳到地球內部的。地震波有兩種類型：第一個傳播速度快的 P 波為縱波，傳播較慢且搖晃度較大的 S 波為橫波。

分析兩種波的傳播方式

P 波可以傳過液體和固體，但 S 波只能傳過固體。一方面，地震波也會發生反射和折射。這麼一來，只要觀測到地震波在一定深度處會發生反射或折射，就能知道地球內部是分層的了。

如果用實驗來重現出壓力和溫度會怎麼樣呢？

地震波傳播的速度可以辨別出地球內部的物質或特性等等。如果岩石或礦物在地球內部的超高溫高壓狀態下會發生什麼反應呢？藉由實驗和電腦模擬來驗證各種假設，我們才終於能了解地球內部的狀態和動向。

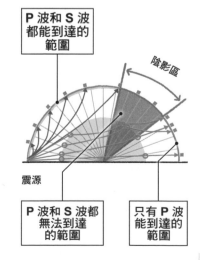

P 波和 S 波都能到達的範圍

陰影區

震源

P 波和 S 波都無法到達的範圍

只有 P 波能到達的範圍

小知識 在超高壓實驗中，會用鑽石磨尖後製成的小平台，上下夾住岩石來加壓。

地球的半徑和周長是多少呢？

（關於地球大小的知識）

對人類來說非常大的地球，半徑大約 6370 公里，周長約 4 萬公里。

一看就懂！ 3 個重點

很早很早以前的希臘人測量的地球周長約為 46000 公里

公元前 3 世紀的希臘人埃拉托色尼（Eratosthenes），發現夏至那天的中午，在北方的亞歷山大港，陽光會對一根柱子形成陰影，而在正南方的賽伊尼，有一個水井只有夏至正午的陽光會照到水面。於是他從兩個城市之間的高度差和兩個城市之間的距離計算出地球的大小。

可以用汽車導航系統測量地球的大小

很久以前，人們會用大篷車跑很多天，用距離來測量地球，但現在我們可以使用 GPS 汽車導航系統準確地測量兩個位置之間的距離和緯度。你可以在一條南北向的直線道路，取兩點，用同樣的計算方式得到結果。

要精細地測量，就要用到人造衛星

到了現在，已經可以利用繞地球運行的人造衛星來測量地球的半徑了。人造衛星受到地球中心引力的影響，會依一定的軌道繞行地球。如果從地面發出雷射光束，從衛星反射它所花費的時間來測出高度，減掉這個高度就能得知地球的半徑了。

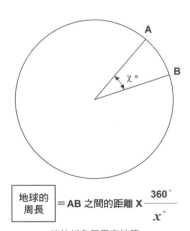

$$\boxed{\text{地球的周長}} = AB \text{ 之間的距離} \times \frac{360°}{x°}$$

埃拉托色尼用來計算
地球周長的算式

小知識 光速約為每秒 30 萬公里，用光 1 秒可以繞地球 7 圈半，就能輕鬆記住地球的周長了。

地球為什麼這麼圓？

關於地球外型的知識

嚴格來說，地球不是正圓形，但如果縮小到一億分之一的比例，它就是正圓了。

一看就懂！**3**個重點

地球在赤道部分延伸了一點，但還算得上是完美的圓形

在準確的測量結果中，比起南北極方向的半徑，地球在赤道方向的半徑長了 21 公里。這是因為自轉的動能讓地球在赤道方向稍稍延伸出去了一點。整體是略扁的形狀，但說地球是正圓形也沒問題。

如果把地球縮小到一億分之一，地球的半徑會是 63.7 公釐

地球的赤道半徑是 6378 公里，極半徑是 6357 公里，如果把地球縮小到一億分之一，赤道半徑就是 63.78 公釐，極半徑是 63.57 公釐。假如我們試著把在紙上畫出來，兩個半徑的差別只有 0.2 公釐。用鉛筆劃的線粗約 2 公釐，用圓規畫一個半徑精準到 63.7 公釐的圓，差別就只有線的內側和外側了。

直接把地球認成完美的圓球就可以了

半徑 5 公釐的彈珠，都還會有大約 0.05 公釐的變形度。地球的變形率只有彈珠的 1/3，直接當成正圓形也沒什麼不對。

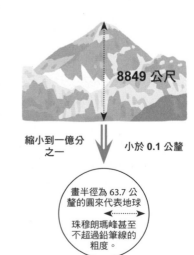

8849 公尺

縮小到一億分之一 → 小於 0.1 公釐

畫半徑為 63.7 公釐的圓來代表地球

珠穆朗瑪峰甚至不超過鉛筆線的粗度

小知識 地球雖然說是一個有點壓扁的旋轉橢圓球，但也已經是非常接近正圓的球體了。

星星

宇宙

行星

地球

太陽

月球

星系

宇宙探索

太陽系是什麼時候誕生的？

〈關於太陽系誕生的知識〉

根據研究，推定太陽系大約有 46 億年的歷史。

一看就懂！ 3 個重點

太陽系誕生在大約 46 億年前

推定宇宙誕生距今約 138 億年，太陽系誕生距今約 46 億年。要了解太陽系的年齡，可以研究分析和太陽系大約同時形成的隕石年齡，就能知道了。

古早太陽系留給我們的一封信——「隕石」

普遍認為隕石是當初太陽系形成行星時剩下的殘餘物。分析隕石的年齡，目前都沒有發現年齡超過 46 億年的隕石。

檢測隕石年齡的方法

有一種放射性物質會自然分解，慢慢地變成另一種物質，這時就可以用它來確定隕石的年齡。已知放射性物質鈾（238）的半衰期大約為 45 億年。隕石中的鈾大約是原來數量的一半，因此能夠推定出太陽系的年齡大約為 46 億年。

〈鈾 238 的半衰期〉

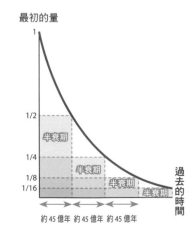

最初的量

1

1/2

半衰期

1/4

半衰期

1/8
1/16

半衰期

半衰期

過去的時間

約 45 億年　約 45 億年　約 45 億年

小知識 鈾在衰變後會變成鉛，所以是利用鈾和鉛的比例來衡量隕石的年齡。

太陽系是怎麼誕生的呢？

（關於太陽系形成的知識）

太陽系是從星星之間的氣體和塵埃中誕生的。

一看就懂！**3**個重點

一開始只是氣體和塵埃的聚集體

在宇宙中，到處散布著稀薄的氣體和塵埃。當這種氣體和塵埃聚集起來變得非常濃厚時，就會形成一種叫做星際雲的雲。當這團雲受到周圍的引力影響開始旋轉，它會變得像一個扁平的圓盤，中心部位聚結出一個團塊。這團東西，叫做原始太陽。

太陽開始發出光芒

結成一團的氣體和其他物質，因為產生出巨大的引力，引發了核融合反應。核融合反應會釋放出非常巨大的能量，於是讓原始太陽發出光芒。這時它叫做原始太陽系星雲。

逐漸形成行星

在以太陽為中心的旋轉圓盤中，還有一些殘餘的氣體和塵埃結在一起，形成許多直徑十幾公里到幾十公里的小團塊（也就是星子）。它們會因為相互碰撞，逐漸融合長大，最後變成我們所知道的行星。

原始太陽系星雲（想像圖）

小知識 在原始太陽系星雲中，有許多種能夠形成行星的物質。

星星 宇宙 行星 地球 太陽 月球 星系 宇宙探索

157

星星 宇宙 行星 地球 太陽 月球 星系 宇宙探索

太陽系中有多少行星？

關於太陽系行星的知識

目前太陽系中有 8 顆行星。

一看就懂！**3** 個重點

太陽系中的行星「水金地火木土天海」

太陽系中的行星從離太陽最近的行星開始算，有水星、金星、地球、火星、木星、土星、天王星和海王星。以前冥王星也被列為行星，但自 2006 年 8 月國際天文學聯合會（IAU）大會在捷克共和國布拉格召開，重新定義行星的標準之後，它被歸類為矮行星。

重新整理過的行星定義

簡單來說，行星的定義有 3 個：「必須是繞太陽公轉的天體」、「必須有足夠大的質量並且由於自身引力呈現球形」、「必須具有排除軌道附近其他天體的引力」。

行星是什麼時候發現的？

水星、金星、火星、木星和土星這 5 顆行星，在大約 5000 年前就因為它們不可思議的運動而被美索不達米亞人用來占卜。1781 年，人們用望遠鏡發現了天王星。然後，在 1846 年發現了海王星。

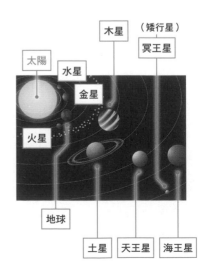

木星
（矮行星）
冥王星
太陽
水星
金星
火星
地球
土星 天王星 海王星

小知識 大約 2750 年前，人類發現了行星運動的規律性並觀測出它們的運動周期。

類地行星有什麼特徵？

（關於類地行星的知識）

類地行星是由岩石和金屬等堅硬材料構成。

一看就懂！3個重點

太陽系中有 4 顆類地行星
太陽系中的類地行星有 4 顆，分別是：水星、金星、地球和火星。類地行星都是由岩石或金屬等堅硬的物質構成。 因此，類地行星也被常被稱為岩石行星和固體行星。

類地行星都離太陽較近
在形成太陽系的雲（原始太陽系星雲）周圍的薄薄圓盤裡，氣體和塵埃聚成了小團塊，形成許多星子，它們反覆碰撞融合，形成行星。其中，類地行星會在離太陽近的地方形成。

行星周圍的氣體被太陽風吹走了
由於類地行星離太陽比較近，太陽風會把行星附近的氣體吹走，能留下來的就是岩石和金屬了。所以，類地行星不會有氣體圍繞或行星環，衛星數量也只有 2 顆以下。

經過反覆撞擊、融合而不斷成長的行星。（想像圖）

小知識 一般認為，被太陽風吹散的物質，最後成了火星外側區域的小行星帶。

類木行星有什麼特徵？

（關於類木行星的知識）

類木行星的特點是它們有很大的行星環和很多衛星。

一看就懂！3 個重點

類木行星有兩種類型

類木行星都是離太陽很遠的巨大行星。每顆類木行星都被觀測到有行星環。類木行星分為 2 種：氣態巨行星 —— 木星和土星，以及冰態巨行星（也被稱為類海行星）—— 天王星和海王星。

氣態巨行星 —— 木星和土星

木星和土星都是由氫和氦組成的。 尤其是木星，據說如果它更大一些、質量更重一些，說不定就會變成像太陽一樣的恆星。另一方面，土星除了有非常獨特的行星環之外，本身的質量特別輕，輕到可以漂浮在水面上。

冰態巨行星 —— 天王星和海王星

天王星和海王星因為它們的大氣層中，除了氫氣之外還含有甲烷氣體，所以這兩顆行星都呈現藍色（參照第 279 頁）。兩者的表面溫度都在 – 210℃ 左右，地殼表層下方是由水、氨、甲烷等構成的冰態地函。

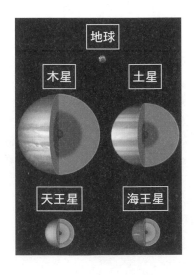

小知識 氣態巨行星的英文寫做 Gas Giant，冰態巨行星寫成 Ice Giant。

太陽系大概有多大呢？

（關於太陽系大小的知識）

> 太陽系的半徑約為 14 ～ 15 兆公里，
> 光從一端傳播到另一端約需 3 年時間。

一看就懂！ 3 個重點

最外側的行星軌道離我們有多遠

太陽系中最遠的行星海王星距離我們有 45 億公里。假定地球和太陽的距離是 1 個天文單位，那海王星的距離就是 30 個天文單位，離太陽系的外緣天體帶大約是 30 ～ 50 個天文單位。冥王星就位在這個外緣天體帶，而 30 個天文單位是以海王星的軌道為準。

人類探測到的最遠距離是多少？

2012 年，航海家 1 號探測器成為第一個穿越日球層頂的人造物體。日球層頂是恆久吹拂的太陽風吹不到的地方，我們距離那裡是 110 ～ 160 個天文單位。

歐特雲又是什麼？

日球層頂之外，有一個直徑小於 100 公里的天體，叫做歐特雲。據說到那裡距離大約是 1 萬～ 10 萬個天文單位。據信，彗星就是來自這裡。

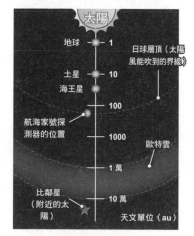

航海家號的位置

右側標籤：星　宇宙　行星　地球　太陽　月　星系　宇宙探索

太陽系是在星系中的哪裡？

關於太陽系所在地的知識

太陽系離所在的銀河系中心大約 26000 光年。

一看就懂！ 3 個重點

太陽系所在的銀河系

如果在光線微弱的地方仰望夜空，是不是曾經看過類似淡淡雲朵般的微弱光帶呢？這就是銀河系。如果能夠持續觀測一整年，會發現夏天時，銀河帶裡的星星比冬天多很多哦。

太陽系並不在銀河系的中心位置

銀河系會以這樣的畫面呈現在我們的眼中，正是因為我們所在的太陽系，不在銀河系的中心。夏天時，因為面對著星系的中心，所以能夠看到很多星星。而半年後地球上的冬夜裡，我們看到的會是星系的外圍。因此，冬天會看到星星很少的銀河。

那太陽系是在銀河系的哪個位置呢？

據說銀河系是一個直徑約 10 萬光年、厚度約 1000 光年的棒旋星系（長長的螺旋型）。而我們所在的太陽系，距離星系的中心有 26000 光年遠。

星星較少　星星較多

太陽系

太陽系在星系中的位置圖

小知識 星系保持在旋轉狀態，研究結果推測，至今太陽系已經繞銀河系旋轉過 20 圈。

地球和太陽距離有多遠呢？

（關於地球公轉軌道的知識）

地球和太陽之間的距離，即使用光速也要 8 分鐘以上才到得了。

一看就懂！ 3 個重點

竟然有 1.5 億公里

地球的公轉軌道是橢圓形的，所以和太陽的距離有時遠、有時近，但大約可以算成 1.5 億公里。這被定為 1 個天文單位（au）。遠遠看起來和月亮一樣大的太陽，其實直徑有 109 個地球那麼大。

走路的話，要走 4000 多年那麼遠

到太陽的距離，有繞地球 3750 圈那麼長。搭高鐵的話，單程要 50 多年，走路的話要走 4000 多年，即使是宇宙中速度最快的光，也需要 8 分 19 秒才到得了。地球和靠近太陽的人之間，連要即時通訊都沒辦法，距離實在太遠了。

太陽是離地球最近的恆星

即使這麼遙遠，太陽也已經是所有恆星中最靠近地球的了。第二近的恆星是半人馬座 α 星（南門二），距離地球 4.3 光年，大約是我們和太陽距離的 27 萬倍。別忘了，太陽到冥王星的距離是 40 個天文單位，所以恆星的散布算是很稀疏的。

太陽

1 天文單位（au）

地球

 1 個天文單位（au），正確來說，是 149,597,870,700 公尺。

太陽發出的能量有多大？

關於太陽常數的知識

在天空中，太陽傳過來的能量，每平方公尺達到 1300 瓦！不過最後都回歸宇宙了。

一看就懂！3個重點

太陽常數為 1300 W/m²

當然，能量大小會因為季節和緯度不同（照射角度影響），如果是在大氣層外側，接收太陽能量最強的地點測量，會是每平方公尺約 1300W，這叫做太陽常數。這麼大的能量足以讓強力的微波爐運作。

大約一半的能量會到達地球表面

來自太陽的能量大約有 30% 會直接被反射回太空，剩下的 70% 被地球吸收，但是由於地球有 70% 都是海洋，所以總結只有大約 49% 是由陸地吸收了，只佔了一半。而被海洋吸收的部分，會成為造雨和風的能量來源。

最後一切都會回歸宇宙

無論有多少陽光照射到地球，地球的平均溫度幾乎不會發生變化。這是因為來自太陽的能量最終都會轉化成熱能，全部輻射到太空中。如果它能再轉化為熱能，被用於光合作用和發電，才會是有效的能源。

〈太陽能的工作原理〉

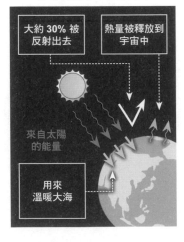

大約 30% 被反射出去

熱量被釋放到宇宙中

來自太陽的能量

用來溫暖大海

小知識 在過去，太陽常數只是一個假設，現在人類可以用人造衛星直接觀測得到。

太陽的能量是怎麼傳到地球來的呢？

（關於電磁波的知識）

太陽的能量主要是以電磁波的形式傳播。

一看就懂！ 3 個重點

雖然太陽發射了各種各樣的東西……
除了帶電的氫和氦之外，太陽還會發出各種電磁波。不過，氫和氦無法到達地球表面，能到達地球表面的是以電磁波傳播的電磁能。

光也是一種電磁波
除了眼睛看得到的光（可見光）之外，太陽還會發出無線電波、紅外線、紫外線等肉眼看不見的光，這些光都攜帶了來自太陽的能量。電磁波不會受到宇宙真空的影響，能夠以光速傳播到各處去。

紅外線是肉眼看不見的光之一
眼睛看不見的光，主要有紅外線和紫外線。 紅外線是一種能量較弱的光，照射到時會像暖爐一樣變得溫暖。紫外線的能量很大，人如果受到紫外線照射，就會被曬傷。

〈可見光的波長〉

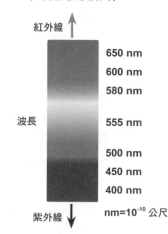

紅外線 ↑

650 nm
600 nm
580 nm

波長　555 nm

500 nm
450 nm
400 nm

紫外線 ↓

nm=10^{-10} 公尺

小知識 傳達到地球表面的太陽能量，大多是可見光和紅外線。

太陽能可以用在什麼地方？

（關於太陽能的知識）

大部分的天氣現象和生命活動都是藉太陽的能量所賜。

一看就懂！3個重點

比人類消耗的能量總數還多 1 萬倍以上

以太陽光的形式傳播到地球上的能量，稱為太陽能。在被大氣層和地表反射以前，這個能量的大小有 170 PW（千兆瓦），是人類消耗掉的總能量的 1 萬倍以上那麼多。

太陽的能量幾乎都用來形成天氣現象

由於地球面積大部分是海洋，所以大多數太陽能都用在溫暖海水，像是把海水蒸發成雲、產生風和降雨等等。和溫度接近絕對零度的宇宙相比，地球能夠有溫暖的環境，都是太陽的功勞。除了核能和地熱之外，地球上運轉的能量都來自太陽能的轉化。

生物都是仰賴太陽的能量才能生存

植物的光合作用、吃植物的動物和吃動物的動物等等，地球上的生物都是在分享太陽的能量。連動植物屍體變成的化石燃料，也是要靠太陽能量才能轉化。

小知識 不會枯竭、也不會排放二氧化碳的能源，被稱為可再生能源。

太陽有特別活躍的時候嗎？

(關於太陽黑子的知識)

太陽可以看成是一塊旋轉的磁鐵，
每 11 年達到最活躍的高峰。

一看就懂！ **3** 個重點

太陽也是一塊在自轉的磁鐵

太陽是一大團電解後的灼熱的氫，它內部有許多交織複雜的氫流。這種現象的結果，是造成太陽在內部有數十億安培的電流，形成了強大的磁場。

太陽黑子的數量顯示太陽的能量

太陽黑子是太陽內部磁力線的團塊往外衝的出口，視覺上像是太陽表面上的黑色斑塊。由於磁力線是 S 極和 N 極成對，所以太陽黑子也是成對的。太陽黑子愈多，磁場愈強，間接顯示太陽中的電流強度，也是太陽處於活躍狀態的證據。

太陽每 11 年活躍一次

太陽每 11 年會進入活躍的高峰。當太陽黑子的數量增加並變得活躍時，就會發生叫做磁重聯的現象，磁力線會相互接觸、重新排列。這時，會引發太陽閃焰（耀斑），這是一種爆炸現象，太陽會散發出強烈的太陽風和電磁波。

小知識 太陽黑子根據大小分為 A ～ H，以及 J 共 9 種類型，稱為蘇黎世分類。

太陽風會對地球造成什麼影響？

（關於地球磁場和磁爆的知識）

地球磁場會擋住來自太陽的帶電粒子。磁爆甚至會讓無線電波都產生雜音，很麻煩的。

一看就懂！3 個重點

太陽向外散射出帶電的粒子

當太陽十分活躍時，太陽表面的物質就會向四周散射出去。其中一些會往地球飛過來，主要是電解後的氫，偶爾也會帶有氦和電子。這些物質的散射度超過每小時 400 公里，比高鐵還快。

不會到達地球表面

不過別擔心！因為地球是一塊大磁鐵，所以外圍有一層磁場包圍。當太陽的帶電粒子飛過來時，它們飛得愈快，地球磁場彎曲其前進方向的磁力就愈強，會讓它們飛到宇宙的天涯海角去，極少能到達地球表面。

天空中的電波一片混亂

另一方面，天空中卻一片大亂。運用無線電波來傳播的衛星通訊和無線電通訊都會充滿噪音，甚至失效故障。這種情況叫做磁爆。在極少數情況下，當太陽風沿著地球的磁力線進入大氣層，它會因為撞擊到空氣分子，發出光芒，形成人們看到的極光。

〈受地球磁場影響，散射出去的太陽風〉

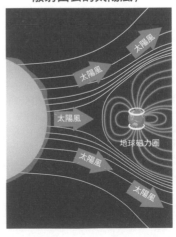

太陽風
太陽風
太陽風
太陽風
太陽風
地球磁力圈

小知識 曾經發生過太陽風傳播到達地球表面，造成停電和電路燒毀等慘況的例子。

對生物有害的紫外線是什麼？

（關於紫外線的知識）

紫外線是帶有高度能量的光。
不僅會造成曬傷，甚至會破壞 DNA。

一看就懂！3 個重點

肉眼看不見紫外線

能到達地球表面的電磁波，大部分是可見光和紅外線，但仍然有大約 5% 是紫外線，混雜在各種能量中。 紫外線中人部分都是被稱為 A 波的弱紫外線，少量是被稱為 B 波的強紫外線。

紫外線對生物有害

暴露在紫外線下，會破壞化學物質的結合。 特別是細胞內的遺傳物質 DNA 會遭到破壞，這時細胞會死亡或變異成癌細胞。A 波雖然很微弱，卻能夠深入皮膚，兩種紫外線對生物都是有害的。

導致曬傷和白內障

暴露在紫外線中，皮膚被曬傷的同時，也會為了阻止紫外線深入內部做出抵消的反應。但即使如此，紫外線還是會造成皮膚上的皺紋和斑點。紫外線也可能會導致白內障。春夏季節出門時，別忘了防曬哦！

小知識 紫外線也有好的部分，它的能量會在皮膚中幫助合成維生素 D。

如果沒有月球，地球會怎樣呢？

（關於月球與生命的知識）

如果沒有月球，地球上的生命將受到莫大的影響。

一看就懂！ 3 個重點

月球和地球長久以來都在一起
月球和地球自誕生以來，大部分時間都一起經歷。這就是為什麼人們認為，地球目前的氣候、自轉速度、再到地軸的傾斜度，都是長久以來受到月球影響而形成的。

潮汐的變化孕育出生命
大多數海洋生物都是隨著潮起潮落的節奏（潮汐作用）進行繁殖。而大部分的潮汐都是由月球的引力所引起，如果月球消失了，最糟糕的情況可能是會導致生物無法繁衍。

也要考慮到月球是怎麼消失的
即使有大型隕石撞擊，月球也不太可能完全消失。如果大部分殘餘留在原地，引力的大小也不會有太大變動，潮汐也能維持下去。說不定地球不會太受影響。

左側標籤：星星　宇宙　行星　地球　太陽　月球　星系　宇宙探索

小知識 只要整體質量保持相同，外形不會影響引力的大小。

月亮和地球距離有多遠？

（關於月球和地球距離的知識）

從地球的中心點，到月球中心點的距離約為 38 萬 4 千公里。

一看就懂！ **3** 個重點

地球到月球的距離是用光（雷射）測量的

月球比較特別一點，我們可以用不同於測量其他天體的方式，來找出月球和我們的距離。人類使用安裝在月球表面的反射設備，讓研究人員可以自地球發射雷射光，接著記錄雷射光在月球表面反射後折回地球的時間，計算出精準的距離。

就算是光速也需要 1 秒以上

用這個方式測量出來的結果，平均約 2.6 秒。單程是 1.3 秒。而光每 1 秒傳播約 30 萬公里，所以得知距離是 38 萬 4 千公里。假如地球是一顆乒乓球那麼大（直徑 4 公分），那麼月球就是一個距離我們約 1.2 公尺、直徑 1 公分的彈珠。

月球正在慢慢離我們而去

根據研究發現，月球正在以每年約 3.8 公分的速度離開地球。也就是說，在遠古時候，月球比現在離地球近很多。

小知識　由於引力強弱受距離限制，所以在遠古，月球引力對地球的影響比現在更大。

星星　宇宙　行星　地球　太陽　月球　星系　宇宙探索

以前是用月亮曆來 計算年份的嗎？

（關於月亮和曆法的知識）

古時候確實是用月亮的圓缺來計算 1 年。

一看就懂！ **3** 個重點

用月亮的陰晴圓缺來區分今天、昨天和明天

古人認為，如果要找一個任何人都能理解的方法來分辨日子，那麼月亮的陰晴圓缺就是最好的方法，因為抬頭看看夜空就知道月亮是什麼樣子。這叫做太陰曆（陰曆、農曆）。太陰就是古代時指的「太陽的相反」，也就是月亮了。

人類在最古老的文明中就已經開始使用

古代美索不達米亞已經使用太陰曆。事實上，1年有 12 個月的算法，就是從那個時候開始。但是，由於從新月到滿月只有大約 30 天，以整年來看的話，季節和月份沒辦法同步。

利用閏月校正

為了要讓春分、冬至等等特別重要的日子，能夠保持在每年同樣的時節，太陰曆每隔固定時間就會讓同一個月份出現兩次，例如 8 月之後有一個閏 8 月，這就是人們說的「閏月」。

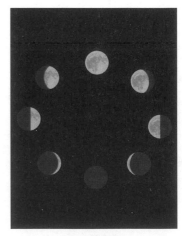

月亮的圓缺變化

小知識 以冬至和春分為基準來計算年份的曆法，叫做太陽曆（陽曆）。

是不是看月亮就能知道今天是什麼日子呢？

（關於月亮和日期的知識）

如果是用以前的太陰曆，確實可以知道日期。

一看就懂！3 個重點

新月固定都是在 1 日（初一）

在日本和中國使用的舊曆法中，每個月的第一天都固定會是新月。新月在漢字中寫成「朔」，所以每個月的初一也會被稱為「朔日」。

沒有月亮的夜晚叫做「晦日」

晦日指的是沒有月亮的日子，是舊曆每個月的最後一天。在日本，會把舊曆的 30 日念做ミソカ（MISOKA，跟日文晦日讀音相同），把一年的最後一天，也就是除夕，稱為「大晦日」，但原本的意思是沒有月亮的日子。

十五是滿月之夜

同理，十五就是固定滿月的日子。日本童謠〈十五夜月娘〉，由來就是十五的晚上一定會看到滿月。不管是誰，只要抬頭看看夜空中的月亮，就能輕易知道今天是陰曆的什麼日子了。

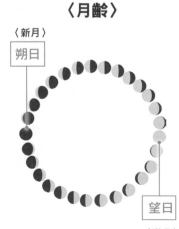

〈月齡〉

〈新月〉

朔日

望日

〈滿月〉

小知識 以前的日本，舊曆上碰到月食的日子，就只會標年份跟月份，而不會寫上日期。

同一個時間的月亮，不管在哪裡看都一樣嗎？

關於在地球看月亮的知識

月亮是一個球體，從不同的角度看，看到的是不同面。不過月球離我們很遠，視野還在誤差範圍內。

一看就懂！3 個重點

月亮是離地球最近的天體，但仍舊很遠

試試看右手拿著一個直徑約 1 公分的球，再把手臂伸到最長。這時，球和你右眼之間的關係會很接近月球和地球之間的距離比例。接著稍微看看球的左緣或右緣，會發現看到的畫面沒有什麼改變。

提高解析度的話，還是可以看出區別

用肉眼很難看出不同，但如果用望遠鏡更清楚地觀測，結果會如何呢？使用極高解析度的設備分別在北極和南極觀測，應該就能夠看到視野裡，月球周圍的些微不同了。

觀測到的差別，有可能只是一個誤會

要實際去北極和南極驗證，有點困難，試著紙上計算的話，得出觀測點相距 30 公里時，看到的月球畫面會有一點點差異。但 30 公里對月球的周長來說只有 0.3% 左右，所以就算感覺觀測到差異了，也都還算是觀測出現誤差的範圍內。

伽利略號探測船拍攝的月球西半球

小知識 就算看到一樣的畫面，怎麼去解釋它卻大不相同，也有國家認為月亮上的陰影像螃蟹。

為什麼白天很難看見月亮？

（關於白天時月亮的知識）

月亮沒有太陽那麼亮，
所以月亮在白天會被日光蓋過去。

一看就懂！3個重點

即使在白天還是能看到月亮
上弦月是在中午左右升起，下弦月在中午左右落下，所以就算光天化日，在天空中看到月亮的情況也不罕見。不過，白天的月亮不顯眼、很難注意到，這是因為四周都被陽光照亮了。

在黑暗的房間裡點亮手電筒
亮度造成的影響，用實驗來證實是最恰當的。首先準備一支手電筒。如果晚上在漆黑的房間裡打開它，光線會照亮到整個房間，不管在哪個角落都會馬上注意到手電筒的位置。

在明亮的房間裡點亮手電筒
接下來，在亮得像白天一樣的房間裡打開手電筒。這時會發現很難確定手電筒有沒有亮，也無法判斷手電筒的光照在哪裡。白天時的月亮也是相同的狀況。

小知識 即使是在白天，如果四周盡量暗一點，然後只盯著月亮看，也能看得比原來更清楚些。

從地球上看到的是月球的哪一面呢？

關於月球正面和背面的知識

面向地球的是「正面」，
看不見的那一面是「背面」。

一看就懂！3 個重點

月亮也在自轉和公轉
月球會保持同一面面向地球，是因為月球的自轉周期與繞地球公轉的周期同步。它繞地軸自轉一周的時間，正好繞地球一周。

先來試試公轉吧
讓我們試驗一下。兩個人一組，決定誰扮演月球，誰扮演地球。接著在地上畫了一個圈，圓心站著一個「地球」。「月亮」則繞著地上的圓圈走。這就是公轉。

接著試試自轉
這次讓「月亮」繞圈走的時候，注意臉要一直面對「地球」。這麼一來，會發現繞圈一周時，「月亮」本身也旋轉了一圈。這就是自轉。如果它完成自轉一圈的點，正好是它繞圓圈一圈的點，那麼地球人無論從哪裡看月球，都只會看到月球的同一面。

從地球上看不到的月球背面

小知識　即使自轉和公轉的周期相同，如果反過來轉，並不會像月球這樣。

日本第一顆人造衛星是什麼樣子呢？

（關於發射人造衛星的知識）

日本第一顆人造衛星是大隅號，由 Lambda 火箭發射。

一看就懂！3 個重點

利用觀測火箭將衛星送入軌道

Lambda 火箭原本設計來觀測 1000 公里高空的范艾倫輻射帶。在原本的三段式結構中，如果再加上球型艙成為四段式，就有可能成為一顆人造衛星，這相當於是在開發能發射到更高處的觀測衛星，也等於是在研究人造衛星的發射技術。

非制導火箭

早期的 Lambda 火箭沒有將衛星送入軌道所需的制導設備。因此日本的研究人員設計了一種非制導方式，將衛星斜著發射，藉由地球的引力來逐漸達到水平，以控制衛星在拋物線頂點時能夠以理想的角度進入軌道。

第 5 次時成功發射

自 1966 年以來，歷經了 4 次發射失敗後，終於在 1970 年時第五次發射成功。大隅號所發射的無線電波隨即在世界各地得到確認，兩個半小時繞地球一周後，日本方面再次確認了大隅號的訊號。日本在確認到第六圈時宣告發射成功。

〈人造衛星大隅號〉

因為發射地點在大隅半島，
所以命名為「大隅號」

 小知識 日本是繼前蘇聯、美國、法國之後，第四個能夠獨立發射人造衛星的國家。

177

星星

宇宙

行星

地球

太陽

月球

星系

宇宙探索

日本在哈雷艦隊裡做了哪些事？

（關於彗星探測的知識）

發射兩顆觀測衛星進入行星空間軌道，
承擔國際聯合觀測的重責大任。

一看就懂！3 個重點

哈雷艦隊是什麼？

1986 年，國際間為了勘測接近太陽的哈雷彗星，提出了國際聯合觀測計畫，而參與其中的探測器總稱為「哈雷艦隊」。艦隊中有日本的「先鋒號」和「彗星號」、前蘇聯的「維加 1 號和 2 號」、歐洲太空總署的「喬托號」，美國的「國際彗星探險者號」，共 6 架（美國最後因挑戰者號太空梭災難而未參加）。

參與哈雷彗星探索組織聯絡委員會

想要直接觀測彗星，必須訂立計畫、花費許多年月來建造探測器、研究發射等等，極為困難。但由於事先知道哈雷彗星運行周期為 76 年及其軌道位置，所以是個能夠直接觀測彗星的難得機會。也因此，日本積極參與了國際性計畫，為觀測彗星出一份力。

〈哈雷彗星探測器〉

「先鋒號」

哈雷彗星探測器「彗星號」的成果

彗星號發現，哈雷彗星核心周圍的氣體，會以一定的規律改變亮度。也由此測定哈雷彗星的核心自轉周期約為 53 小時。

「彗星號」

  小知識 「先鋒號」是世界上第一顆使用固體燃料火箭發射離開地球圈的衛星。

氣象衛星「向日葵」是什麼？

（關於氣象衛星「向日葵」的知識）

它是一顆從地球靜止軌道上廣域觀測地球氣象的衛星。

一看就懂！3 個重點

能夠觀測廣闊區域的地球同步衛星

「向日葵系列」氣象衛星，能夠從約 36000 公里的高空，大範圍地觀測地球的氣候狀態。因為它的自轉周期與地球自轉同步，所以它隨時都能觀測到日本區域。它每 10 分鐘就能完整觀測整個地球，每 2.5 分鐘觀測日本周圍地區。

最先進的觀測設備

「向日葵 8 號」的觀測設備，從人眼可見的可見光到人眼不可見的紅外線，共以 16 個類別來觀測分析。綜合這些記錄，我們能夠知道很多事，例如雲的外觀、地球和海洋水面、雲的溫度分布、分辨出黃沙和火山灰、雲層中含有的顆粒是水還是冰等等，蒐集到的資訊應有盡有。

它還搭載了數據收集系統

由船舶、驗潮儀和地震儀發出的觀測數據，會經由「向日葵 8 號」做為中繼，再傳到地面研究中心。「向日葵 8 號」在 2022 年交棒給「向日葵 9號」，兩顆衛星預計共同作業到 2029 年。

〈向日葵 8 號的高度〉

國際太空站

高度 400 公里

向日葵 8 號

高度 35800 公里

小知識　「向日葵系列」氣象衛星的數據是免費開放給大眾查詢使用的。

X 射線天文衛星 是什麼？

（關於 X 射線天文衛星的知識）

X 射線會被地球大氣層吸收，所以我們用人造衛星或火箭在大氣層外來觀測它。

一看就懂！3 個重點

從大氣層外進行的觀測

一直以來，人類都沒有觀測到來自星星的 X 射線。直到 1962 年，在利用火箭進行的觀測中，首次觀測到來自太陽以外的恆星所發出的 X 射線，人們才發現是大氣層干擾了觀測工作。利用 X 射線觀測宇宙的衛星，就稱為「X 射線天文衛星」。

X 射線觀測

開始在宇宙中進行 X 射線觀測後，陸續捕捉到許多會發出 X 射線的恆星。接著，才發現 X 射線是由超新星爆炸和黑洞等極其活躍的天體所發出。種種強烈的太陽活動，像是日冕的溫度達到數萬度等等，也都是由 X 射線觀測得到的成果。

日本的 X 射線天文衛星

自 1979 年「天鵝號」(はくちょう，Hakuchou) 衛星發射以來，日本又陸續發射了天魔號、銀河號、明日香號、朱雀號、瞳號等等，持續走在世界研究的尖端，揭露只有 X 射線能看到的宇宙神秘面貌。

〈日本第一顆 **X** 射線天文衛星 天鵝號〉

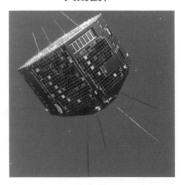

小知識 天鵝號是以天鵝座中的黑洞來命名的。

地球觀測衛星
是什麼？

（關於地球觀測衛星的知識）

是從宇宙中觀測地球的海洋、陸地、大氣層
等狀態的衛星。

一看就懂！**3**個重點

主要的觀測設備有 2 種

地球觀測衛星會使用到的觀測設備，包括使用可見光和近紅外線的光學感應器，以及使用無線電波的微波感應器。由於觀察反射陽光的感應器到晚上就無法使用了，所以也搭載了主動型感應器，可以發射無線電波後，觀測反射波來獲得資訊。

日本的地球觀測衛星

「大地 2 號」（だいち，Daichi）可以捕捉到地表的細微變化，所以能夠非常迅速地掌握到地面的災情。即使在晚上也可以使用有主動形感應器進行觀察。雫（しずく，Shizuku）可以觀測積雪、降水、土壤水分、海面溫度等各種與水有關的數據。

甚至能夠協助地球環境保護活動

「伊吹 2 號」（いぶき，Ibuki）正在全球 56000 個地點觀測二氧化碳和甲烷等具有溫室效果的氣體。「色彩號」（しきさい，Shikisai）是一顆氣候變化觀測衛星，可以對大氣層中的塵埃和其他影響太陽輻射量的物質、陸地植物、海洋、冰雪等進行多種觀測。

〈地球觀測衛星大地 2 號的
CG 圖〉

星星

宇宙

行星

地球

太陽

月球

星系

宇宙探索

小知識 免費分析軟體「EISEI」，是能夠轉譯各種衛星圖像的教育用軟體。

181

星星
宇宙
行星
地球
太陽
月球
星系
宇宙探索

「隼鳥號」是什麼？

（關於「隼鳥號」的知識）

它是用來驗證從系川小行星帶回地殼物質的技術是否可行的實驗用探測器。

一看就懂！3個重點

解開太陽系誕生之謎
根據研究結果，46 億年前太陽系誕生時，有無數小岩石互相碰撞，形成了地球等行星。目前最具說服力的假設，是認為系川小行星沒有遭遇碰撞而留存至今，因此，對這顆小行星多加研究，相信有助於解開太陽系誕生之謎。

驗證 4 個關鍵技術
運用以電力來加速的離子引擎，前往系川小行星後再返回。近距離觀測、登陸調查、採集樣本，最後使用返回艙將樣本送回地球，預定的 4 項目標技術全都達成了。

〈隼鳥號登陸系川小行星 CG 圖〉

「隼鳥號」奇蹟般克服許多困難回到了地球
3 個姿態控制器中，有 2 個發生故障。加上姿態控制火箭燃料洩漏、通訊中斷，4 台離子引擎全部失能，所幸日本團隊運用了過去火星探測器「希望號」的失敗經驗，成功克服了這種絕境。

小知識 隼鳥號從系川小行星帶回的樣本中發現了水。

「隼鳥 2 號」是什麼？

（關於「隼鳥 2 號」的知識）

「隼鳥號」成功實施的技術，由「隼鳥 2 號」在龍宮小行星上再次重覆驗證。

一看就懂！3 個重點

揭開地球海洋起源與生命誕生之謎

龍宮小行星和隼鳥號探測過的系川小行星，是不同類型的小行星。學界認為龍宮小行星上含有大量的碳，說不定有望幫助解開地球海洋起源和生命誕生的謎團。

製造一個人工隕石坑

隼鳥 2 號上的撞擊設備在龍宮小行星的地殼表面製造了一個人工隕石坑，成功帶回了沒有受到太多輻射和熱能的地殼下方物質。人造隕石進行撞擊的場面，由一部分離式相機清晰地拍攝下來，這一創舉令全世界的研究人員都相當驚訝。

〈隼鳥 2 號到達
龍宮小行星 CG 圖〉

拓寬任務範圍

樣品安全送到地球後，隼鳥 2 號還有一些剩餘燃料，所以它又轉向另一顆新的小行星，1998KY26 前進。1998KY26 是一顆直徑約 30 公尺、高速自轉的迷你小行星。隼鳥 2 號將在經過小行星 2001CC21 附近完成觀測後，預計於 2031 年到達 1998KY26。

小知識　隼鳥 2 號從龍宮小行星帶回的沙子中，分析結果發現了氨基酸。

星星　宇宙　行星　地球　太陽　月球　星系　宇宙探索

星系是什麼？

(關於星系真面目的知識)

由數也數不清的恆星聚集在一起，
組成了許多種形態的星系。

一看就懂！ 3 個重點

自宇宙初期發展到現在

目前還沒有找到宇宙中第一個形成的星系，不過，我們也還是陸續探測到一些宇宙誕生數億年後形成的、對地球來說離得最遠的星系。目前探知到最遙遠的恆星星系遠在 129 億光年之外。

星系形成之謎

據信，星系剛開始發展時規模很小，經過不斷合併才會變大。但是，在已探知到的早期宇宙中，有一些星系的規模十分巨大。現今研究人員也仍然在找尋各種蛛絲馬跡，希望能解開巨大星系的發展過程。

銀河巡航

就算不是天文學家，有一項任何人都能參加的天文研究，那就是使用昂星團望遠鏡在觀測整個天空的天體後，所記錄下來的宇宙照片檔案。大家一起來仔細看看宇宙的照片，找出星系的形狀，提供給研究團隊吧。

135 億光年之外，
有可能成為已知最遙遠
星系的候選目標。

© Harikane etc al.

小知識 截至 2022 年 4 月，有可能成為已知最遙遠星系的目標，距離我們有 135 億光年之外。

星系大概有多大呢？

（關於星系大小的知識）

星系有小的也有很巨大的，
它們會和周圍的其他星系合併而長大。

一看就懂！3 個重點

星系是怎麼誕生的？

關於宇宙最早誕生的星系，最有力的推論認為，它們是早期宇宙中被引力聚集在一起的大量氣體和暗物質。當團塊中的氣體不斷收縮變稠時，從中誕生了恆星，而許多的恆星形成了星系。

星系一開始就這麼大嗎？

觀測結果顯示，大約在 100 億年前，宇宙中已經存在許多星系。當人類進一步調查它們是什麼時候形成的，發現對這些星系來說，它們才剛剛出生。新形成的星系很小，但它們會透過吞噬合併周圍的物質而長大。

明亮的星系和昏暗的星系

普遍認為，一個星系擁有的恆星愈多，就愈是明亮、規模愈大。一個普通亮度的星系大小是 1 萬～ 30 萬光年，重量大約是太陽質量的 10 億～ 1 兆倍。地球所在的銀河系，在一般星系裡算是稍大點的星系。

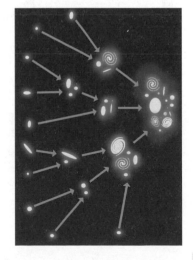

小知識 如果把銀河系的質量假定為 1，則明亮星系的重量大約 10 倍，而暗星系的重量只有幾分之一。

星系是什麼形狀呢？

（關於星系形狀的知識）

星系依外形大概可以分成 4 種類型：
橢圓形、透鏡狀、螺旋形和不規則形。

一看就懂！ 3 個重點

哈伯分類

對於具有正常亮度的星系，人類會根據其形狀加以分類。這是 1936 年由埃德溫‧哈伯提出的分類方法，發展到今日雖然已經過很大的改進，但當初的準則仍然是分類的基礎。不符合以上 4 種的類型，被稱為「特殊星系」。

提到星系就不能錯過的螺旋星系

螺旋星系的外型像是一個漩渦圖樣的圓盤。中央部位形成像是棒狀東西的星系，被稱為棒旋星系。特徵是在螺旋臂的部位會存在特別多年輕的恆星和大量能夠形成恆星或行星的氣體和塵埃。

圓滾滾的星系

外型圓滾滾的，外觀也沒有呈現花樣的星系，叫做橢圓星系。那裡大多都是年紀很老的恆星，空間中也幾乎沒有氣體或塵埃可以作為形成新恆星的材料。看起來有點像螺旋星系但沒有漩渦狀花樣，而且跟橢圓星系一樣有很多古老恆星的星系，被稱為透鏡狀星系。

〈哈伯分類法〉

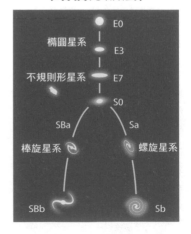

橢圓星系 E0 E3

不規則形星系 E7

S0

SBa Sa

棒旋星系 螺旋星系

SBb Sb

小知識 如果用哈伯分類法對銀河系做分類，那麼銀河系會是棒旋星系。

宇宙中有多少個星系？

（關於宇宙存在的星系數量的知識）

宇宙中的星系數量有 2 兆個！？
說不定接下來還會再變多呢。

一看就懂！ 3 個重點

宇宙的戶口調查
為了了解宇宙，先清楚知道宇宙中有什麼樣的天體是非常重要的。人類能夠從宇宙間的光等資訊裡得知天體的性質和亮度。但受限於望遠鏡的大小和觀測技術極限，必須提醒的是，目前還有太多人類還窺探不到的範圍。

星系的人口普查
例如，在哈伯分類中的 4 種星系類行，大約有 72% 的星系不是螺旋星系就是棒旋星系；橢圓星系佔了 3%、不規則星系佔 10%、透鏡狀星系佔 15%。不過，這些都是附近的星系，再遙遠一點的星系，人類目前還無法一探究竟。

整個宇宙到底有多少星系？
根據天文學家的研究結論，星系的數量推測有 2000 億個左右。但 2016 年的研究報告顯示，至今我們還未能解密的早期宇宙中，存在的星系是現在宇宙的 10 倍左右，也就是說，差不多有 2 兆個星系。

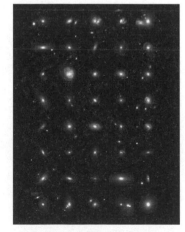

© 日本國立天文台

小知識 普遍認為暗星系和小星系的數量比一般亮度的星系更多。

是誰在為星系命名呢？

（關於星系取名方法的知識）

編列在目錄裡的名字才是星系的正式名稱。
但目錄版本有很多種，有些星系會重複。

一看就懂！3 個重點

最有名的是 1784 年的梅西耶天體列表

隨著望遠鏡和攝影技術的進步，人類也能觀測到微光的天體了，因此各種天體目錄相繼出版。像是 1864 年赫歇爾（Herschel）父子的星雲和星團總表（GC 星表）、1888 年德雷耳（Dreyer）添加的星雲和星團新總表（NGC 星表）。內容包括了星系外的星團和星雲。

各式各樣的稱呼

至今，位在世界各地的望遠鏡仍然在不停觀測收集數據，每一項企劃都有一份個別的目錄。稱呼方面，有可能會把觀測到那個星系天空中的星座加進名字裡，例如仙女座星系的名字就是這樣來的。

為新發現的天體命名

研究人員新發現了宇宙大爆炸約 8 億年後形成的氣態天體，為它命名為「ヒミコ」（Himiko）。它可能是一個恆星正在爆炸性增多的星系。由於它太神秘也太不可思議了，所以團隊才用日本古代女王的名字「卑彌呼」來稱呼它。

〈闊邊帽星系〉

© 日本國立天文台

 小知識 M104 由於外觀既寬又扁，很像墨西哥的傳統闊邊帽（Sombrero），所以也被稱為「闊邊帽星系」。

星系群和星系團有什麼不同？

(關於星系群組的知識)

幾個星系聚集在一起就是星系群，幾十個到上百個甚至更多的星系聚集在一起，就是星系團。

一看就懂！ 3 個重點

當星系聚集在一起
星系會因為引力作用而相互吸引，聚集在一起形成大小不一的群組。名稱會根據聚集的數量而變化。宇宙中有各種因為引力而聚集的群組，其中最大的群組就是星系團。順帶一提，大的星系群和小的星系團之間，沒有什麼明確的差別。

距離銀河系最近的星系團
距離銀河系最近的星系團是室女座星系團，距離我們約 5900 萬光年。連同小（矮）星系也算在內的話，一個星系團包含 1000 個以上的星系。

聚集在一起的不是只有星系
使用 X 射線對星系團觀測後的結果顯示，星系團受到極熱的氣體壟罩，溫度甚至高達 1 億℃。推測星系團的大部分質量都來自於灼熱的氣體和暗物質，而不是星系本身。

〈室女座星系團的中心〉

©Fernando Peña

 小知識 星系團中心有一個巨大的橢圓星系，它的周圍大多為透鏡狀星系或橢圓星系。

宇宙大尺度結構是什麼？

關於宇宙的構造和地圖的知識

大尺度結構指的是星系在宇宙空間中的分布方式。它是纖維網般的泡狀結構，也是一個暗物質所編織出來的世界。

一看就懂！3個重點

宇宙的層次結構

星系群和星系團聚集在一起的話，會形成叫做超星系團的巨大結構。如果把一個星系比作一個盒子，星系群和星系團就是稍微大一點的盒子，而超星系團就是更大的盒子。一個套一個，就像俄羅斯娃娃一樣。

宇宙中也有些地方完全沒有星系

想像一下攪打肥皂產生的泡沫，泡沫是許多薄膜和什麼都沒有的空隙所組成。氣泡黏在一起的方式就類似於星系的分布，也就是星系團們相互連結起來的結構模式。一個氣泡的大小約為 1 億光年。星系團的分布組成了一張巨大的立體網。

宇宙地圖

有一種地圖，是從地球上觀察太空中星系的分布來繪製而成的。例如美國史隆數位巡天（The Sloan Digital Sky Survey, SDSS）使用可見光和 2 微米全天觀測（2MASS），再使用紅外線製作出來的地圖，就非常有名。

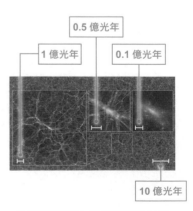

1 億光年
0.5 億光年
0.1 億光年
10 億光年

為了解釋宇宙大尺度結構以及星系形成而公開發表的模擬宇宙
© 石山智明

 小知識　宇宙地圖繪製的是從地球上看出去的範圍和視野，所以地圖看起來會是以地球為中心的扇形。

彗星和流星有什麼不同？

（關於彗星和流星的知識）

彗星有尾巴，而流星是衝進大氣層發出一瞬間光芒的天體。

一看就懂！ **3** 個重點

彗星是緩緩移動的，流星發出的閃光只有一瞬間
彗星旅行經過太陽系時，由於太陽的引力，彗星接近太陽時會拖出一條尾巴。當外太空的塵埃高速衝入地球大氣層時，流星在那一瞬間發出光芒。彗星在星座之間緩慢移動，而流星根據觀測的角度不同，外觀也會不一樣。

彗星還有個名字叫做掃把星
彗星是太陽系中的一種小天體，當它接近太陽時，來自太陽的熱量融化了它表面的冰，釋放出表殼上的氣體和塵粒。這些物質會反射陽光，拖出一條看起來像掃帚的軌跡，隨著時間推移，它的位置和外觀也會變化。

流星有時被稱為隕星
形成流星現象的流星體，範圍從 0.1 公釐或更小的塵埃到幾公分或鵝卵石大小都有。它們以每秒幾十公里的速度墜入地球大氣層，與大氣分子發生碰撞，化為電漿等離子體的氣體會放出光芒。

彗星（上）和流星（下）

彗星是由
什麼組成的？

關於彗星成分的知識

彗星是表面有沙子和岩石的冰塊，也被說成「髒雪球」。

一看就懂！ **3** 個重點

「髒雪球」

彗星的主體稱為核，成分大多是冰，再來是很多岩石塵埃。因此，彗核也被稱為「髒雪球」。彗核的標準尺寸大約是直徑 1 ～ 10 公里，小的有幾十公尺的，有些大的直徑甚至有 50 公里。

怎樣才能觀測彗星？

以彗星的大小來說，它整體偏暗，藉由分析光的波長，我們才知道彗星是由冰和塵埃構成的。1986 年，喬托號探測器接近哈雷彗星的核心，拍攝到哈雷彗星崎嶇不平的表面，並發現了有機化合物等物質。

彗星的大小和重量

1 顆在 1 公里左右的彗星質量推估有幾十億噸的質量，一顆 10 公里左右的彗星質量有幾兆噸。這尺寸大約是東京伊豆大島的大小了。彗星由於體積小，彗核無法用自己的引力形成圓形，所以大都是不規則形。

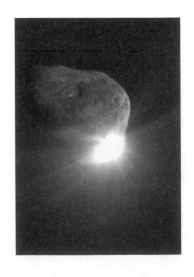

小知識 到目前為止，已經有好幾架探測器接近彗核，但沒有帶回任何表面物質。

為什麼彗星會有尾巴？

（關於彗尾的知識）

彗星攜帶的冰和塵埃受太陽的能量影響而被釋放出去，再加上陽光的照射，看起來就像一條尾巴。

一看就懂！3 個重點

彗星身上的微光部分叫做彗髮

來自太陽的熱量，會使彗星體（核）的表面變暖，導致彗星表面慢慢融化碎裂。隨著表面的冰蒸發，包含在裡面的氣體和灰塵開始被釋放出來。這些物質圍繞著彗星，呈現出一種稱為彗髮的微弱光團。

彗星還會拖出長長的尾巴

彗星釋放出的氣體和塵埃與核心逐漸分離，形成掃帚狀的「尾巴」。彗尾根據其成分和外觀分為兩種類型；由氣體形成的尾巴稱為離子尾（電漿態），由塵埃形成的尾巴稱為塵埃尾。

尾巴還有分不同方向

帶電的氣體（離子）被太陽噴射出的帶電塵粒沖走，向著太陽相反的方向拉伸。塵埃尾雖然也是向著跟太陽相反的方向延伸，但由於具有質量，所以會在彗星的軌道裡擴散開來。

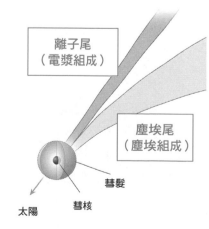

離子尾（電漿組成）

塵埃尾（塵埃組成）

彗髮

彗核

太陽

© 日本國立天文台

右側欄：星星　宇宙　行星　地球　太陽　月球　星系　宇宙探索

小知識 顆粒較大的塵粒，會留在彗星的軌道中跟著運行，成為流星雨的一份子。

193

肉眼能看見彗星嗎？

關於明亮的彗星的知識

在接近太陽時，彗星會特別亮，
有些大的彗星能夠用肉眼觀測到。

一看就懂！**3**個重點

彗星離太陽愈近，看起來就愈亮

彗星接收到太陽的熱量後，釋放出表面攜帶的物質，形成彗髮和彗尾。它離太陽愈近，釋放的物質數量就愈多，所以看起來會更亮，尾巴也更長。另外，彗核大的彗星釋放量大，看起來就更亮了。

找一個天空澄澈晴朗的地方進行觀測

彗尾並不像星星那樣閃閃發光，看起來其實有點暗淡矇矓，所以觀測彗星時，要找一個天空乾淨又開闊，不受到光害影響的黑暗環境，才能看得更清楚。日落的西方天空、日出前的東方天空，都更容易找到彗星的蹤影。

人類至今發現的彗星大多數都很暗淡

彗星的大小大多在 1～10 公里之間。雖然每年都會新發現十幾顆彗星，但大多數彗星都很暗，不使用望遠鏡是看不到的。也有一些彗星因為離太陽太近而被完全蒸發或崩解消失。

海爾・博普彗星

小知識 2031 年，我們將能看到一顆直徑約 140 公里、彗核相當巨大的大型彗星。

新彗星是怎麼發現的呢？

（關於尋找彗星的知識）

當彗星靠近太陽，變得特別明亮時，就能用望遠鏡等觀測設備發現它了。

一看就懂！3 個重點

彗星在接近太陽時更容易被發現

彗星的彗髮和彗尾會反射陽光，因此在接近太陽時會突然開始迅速變亮。所以，彗星大多是在接近太陽的時期裡，被人類在日落後的西方天空或日出前的東方天空發現。前一天都還是平常的天空，隔天它就突然出現了。

世界各地都有彗星獵人

由於彗星是一種拖著長長尾巴移動的神秘天體，自古以來，天文學家們總是希望能當第一個發現它的人。大家會用望遠鏡搶著在照亮彗星的太陽附近或太陽的軌道（黃道）周圍找尋彗星。

現在很少有業餘人士發現彗星

進入 1990 年代後半，人類為了提早找到會威脅到地球的小行星，開始人造衛星搜尋任務，很多較暗的彗星陸續被發現。再加上彗星靠近太陽時會突然變亮，在太陽觀測衛星拍攝的照片裡更是無所遁形。

小知識 也有一些天文學家使用望遠鏡和數位相機尋找彗星。

彗星是怎麼飛過來的？

（關於彗星起源的知識）

據信彗星是來自古柏帶和歐特雲。

一看就懂！**3**個重點

彗星公轉軌道的特徵

與軌道近乎圓形的行星不同，彗星的軌道多數是細長的橢圓形，有的呈拋物線或雙曲線。拋物線或雙曲線類形軌道的彗星，在接近太陽後就不會再回來了。

古柏帶

分布在海王星軌道更外側約 30 ～ 50 個天文單位位置的天體群。古柏帶被稱為彗星的老家，呈甜甜圈狀分布，除了構成彗星的冰之外，其中也包含冥王星等矮行星。從這裡而來的彗星，大多是公轉周期不到 200 年的短周期彗星。

有些彗星來自歐特雲

歐特雲的距離比海王星遠 1000 多倍，它是無數冰態天體聚集而成的一個球狀大罩子，包在太陽系外。它是長周期彗星和不具規則性軌道的彗星的老家。目前人類還無法清楚了解歐特雲。

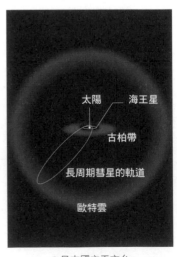

太陽　　海王星

古柏帶

長周期彗星的軌道

歐特雲

©日本國立天文台

小知識 有一些彗星在接近太陽時，會受到行星引力影響而改變軌道。

是彗星帶來了生命的起源嗎？

（關於生命起源理論的知識）

彗星被稱為太陽系的化石，有一種理論認為是彗星把生命基礎的有機物質帶到地球上。

一看就懂！ **3** 個重點

彗星是太陽系的化石
地球生命的源頭——有機物質，到底是從哪裡來的？又是怎麼產生的？到現在仍然是個謎。從人類觀測到彗星上存在有機物質開始，研究人員對還保持著遠古狀態的彗星，提出了各種假設。也因此，彗星被稱為太陽系的化石。

在彗星上發現的有機物質
用巨型望遠鏡收集彗星的光，再用分光鏡分析彗星噴射出的彗尾時，我們觀測到彗尾中含有氣體原子和分子所特有的光。成分中最多的是冰，另外還有氨類等氮化合物以及甲烷、乙烷等碳化合物。

生命的誕生至今仍然是未解之謎
氮和碳的化合物都是構成生命基礎的重要成分，於是出現了生命以彗星為起源的理論。還有一種說法認為，形成生命的有機物質是由閃電從地球的原始大氣層中創造出來的。說到頭來，生命的起源還是充滿了謎團。

遠古時墜落在地球上的彗星

 小知識 地球誕生時的海洋和大氣層環境，和現今的海洋、大氣層是完全不同的。

黑洞是什麼？

關於黑洞的知識

黑洞是一種會吞噬任何東西的神秘「黑暗」天體。早在 200 多年前，就有人預言過黑洞理論。

一看就懂！ 3 個重點

無法觀測的天體

黑洞最早出現在英國的天文學家約翰‧米歇爾（John Michell）在 1784 年時提出的理論中。對當時的人來說，黑洞是一種「有可能存在這種天體」的概念。後續則是由愛因斯坦明確地定義了現代黑洞理論。

它本來不叫做黑洞！

當初它還只是人類的一種假想時，並沒有確切的名字。長久以來它有各種名稱，例如 Dark star（黑暗之星）或 Collapsar（坍塌天體）等等。直到 1967 年學術界採用黑洞這個名稱後，才廣為全世界使用。

黑洞的特徵

目前我們能知道的是：①無法直接看到黑洞，②黑洞會從上下方噴出射流，③它會吸入吞噬周圍的氣體，④氣體呈漩渦狀被吸入，⑤黑洞會放射出強烈的能量（X 射線），⑥本身是強大的電波源等等。

Jordy Davelaar 等人 /
拉德堡德大學 /BlackHoleCam

小知識 有一種理論認為被黑洞吸入的東西，會從白洞（和黑洞相反的天體）出來。

哪裡才有黑洞呢？

關於黑洞所在位置的知識

銀河系中就有很多黑洞。
據說每個星系的中心都有黑洞。

一看就懂！**3** 個重點

黑洞有分不同類型嗎？

如果把黑洞的類型分為 3 類，會有正常大小（大約是太陽質量的幾十倍）、超巨星大小（質量是太陽的 10 億倍），以及介於兩者之間的中等尺寸黑洞。

地球附近有黑洞嗎？

當恆星結束生命時，就會形成一個普通大小的黑洞。也就是說，銀河系中只要是有恆星的地方，就有可能存在黑洞。不過，能變成黑洞的恆星並不多，所以黑洞仍然非常稀少。

星系的中心也有黑洞

大多數星系的中心都有一個巨大的黑洞。銀河系裡也有一個大約有太陽 400 萬倍質量的黑洞。雖然看不到它的身影，但我們知道那裡有一個非常緻密的電波源，周圍的天體都以極高的速度在公轉。

1 個位於銀河系中心的巨大黑洞

400 萬個太陽

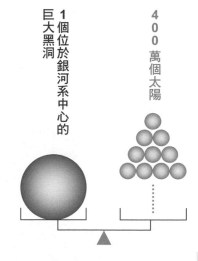

星星

宇宙

行星

地球

太陽

月球

星系

宇宙探索

小知識 人類發現了一些在宇宙誕生 7 ～ 8 億年後形成的巨大黑洞。

199

黑洞裡面是什麼樣子呢？

(關於黑洞內部的知識)

很遺憾的，現代科學還無法探知黑洞的內部，對人類來說，黑洞仍然是一個神秘的區域！

一看就懂！ **3** 個重點

如果太陽變成黑洞會發生什麼事？

如果半徑約 70 萬公里的太陽變成黑洞，半徑會變成約 3 公里。因為質量保持不變，只是收縮得更緻密，密度加大。如果是銀河系中心那個超大質量的黑洞，在黑洞狀態就有太陽系那麼大了。

過大的引力

在黑洞內部，密度和引力都異常地大，中心部位會達到無限大，我們稱之為奇異點。就像一顆恆星無法承擔內部能量產生的壓力，往中心坍縮成一個小點，被吸入的東西都會在內部被撕碎。

黑洞是不是一個封閉的秘密空間？

黑洞的引力太過強大，它會把所有的東西都拉過來吞掉，所以在黑洞影響範圍之外的地球，完全無法獲得任何黑洞內部相關的資訊。

奇異點

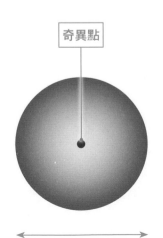

光無法逃脫的黑洞領域

小知識 分隔黑洞內部和外部的界線區域叫做「事件視界」（event horizon）。

一旦進入黑洞就出不來了，真的嗎？

關於無法從黑洞逃脫的知識

是真的！一旦進了黑洞就永遠出不來了！！

一看就懂！ **3** 個重點

我們身邊的作用力
引力會作用在萬事萬物之間。人和人之間、人和旁邊的物品之間，都存在「力」，只是這股力量太微小，我們無法感知到而已。生活中更容易感受到的力量，就是地球拉住我們的引力了。

擺脫引力逃出牽引範圍（脫離速度）
引力的大小，是以天體和物體的質量之間的距離決定。質量愈大，引力就愈大。當物體試圖離開地球時，必須以極快的速度離開，才能夠克服地球的引力。

黑洞是一條單行道
物體在宇宙中移動時，能達到的最高速度約為每秒 30 萬公里。碰到黑洞的話，脫離速度必須超過光速才有可能成功。所以一旦進入黑洞的引力範圍，就只能束手就擒了。

超過脫離速度

未能超過脫離速度

小知識 黑洞是一個連光都無法逃離的區域，從黑洞中心到引力邊界的距離稱為史瓦西半徑（Schwarzschild radius）。

人類是怎麼發現黑洞的？

（關於發現黑洞的知識）

人類的 X 射線觀測，
發現了高能量天體「天鵝座 X-1」。

一看就懂！3 個重點

要怎樣才找得到黑洞？

長期以來，黑洞一直只能存在於理論中，因為人類想像不出黑洞觀測起來會是什麼樣子，也找不出到底該怎麼做，才能找出宇宙中所謂的「黑色的洞」。

「天鵝座 X-1」

在 1970 年發射的 X 射線觀測衛星的觀測報告中，發現了一個不像星系那樣廣闊的微小天體，奇怪的是，它雖然很小，卻發出了從一般恆星無法發出的那麼強大的 X 射線。

可能性最高的黑洞候選人

持續觀察後，人類發現它屬於一個雙星系統，和旁邊另一顆恆星互相繞行公轉運行。雙星所釋放出的氣體，以漩渦的方式繞成圓盤狀流入其中，被吸入的氣體由於分子摩擦而放出強烈的 X 射線，這才令人高度懷疑它就是神秘的「黑洞」。

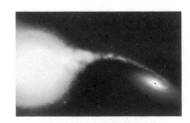

天鵝座 X-1 的想像圖

星星　宇宙　行星　地球　太陽　月球　星系　宇宙探索

小知識 這個新發現，讓世界各地的天文學家紛紛以 X 射線為線索，投入尋找黑洞的行列。

要怎麼觀測黑洞呢？

（關於觀測黑洞的知識）

2019 年，研究人員拍攝到黑洞的影子，終於用照片證明了黑洞的存在！

一看就懂！ **3** 個重點

事件視界望遠鏡（EHT, Event Horizon Telescope）
把地球上的 8 架電波望遠鏡連結起來（組成口徑有地球那麼大的望遠鏡），在 2017 年時終於第一次成功捕捉到能以眼睛辨視的黑洞外觀。至 2022 年，EHT 的數量從 8 架增加到 11 架。

黑洞的影子
在遠離地球 5500 萬光年的室女座星系團中，橢圓星系 M87 的中心存在一個黑洞，它的質量是太陽的 65 億倍。過大的引力讓周圍的空間產生扭曲，導致附近光線的行進方向都彎曲了，也因此黑洞的身影以陰影的方式被襯托出來了。

人馬座 A*
2022 年 5 月，相關機構公開了地球所在銀河系中央的黑洞（人馬座 A*）的分析結果，其中包括了黑洞周圍的氣體分布動向以及時間變化等新資訊。

位在銀系中央位置的黑洞
——人馬座 A*
EHT Collaboration

小知識 EHT 的視力是人類的 300 萬倍！甚至可以在月球上找出高爾夫球大小的物體！

活躍星系核是什麼？

（關於巨大黑洞的知識）

活躍星系核指的是在星系中心異常閃亮的天體。

一看就懂！ 3 個重點

巨大的黑洞竟然是亮的嗎？

位於星系中心的超大質量黑洞，會以它強大的引力不斷把周圍游離的氣體拉過來。氣體圍繞黑洞旋轉，慢慢形成了圓盤狀。這個天體會發出 X 射線、電波等各種強烈的光芒。

巨大的發電站

氣體陷入黑洞的方式，有點像是放掉浴缸裡的水時，水會呈漩渦狀被捲進排水孔。黑洞會吞噬掉這些氣體，轉化為能量。它發出的能量是火力發電的 10 億倍以上。

在早期宇宙中也發現了黑洞

已知在宇宙早期（誕生約 8 億年），就已經存在質量達太陽 10 億倍的巨大黑洞。這麼大的黑洞是如何形成的？目前仍沒有解謎的線索。

NOIRLab/NSF/AURA/J.da Silva

  小知識 就像我們人類有自己的個性一樣，活躍星系核也有不同的類型和特徵。

找得到最古老的生命存在痕跡嗎？

（關於最古老生命的知識）

生物本身並不會以化石的形態留存下來，所以必須從生物產稱的碳元素追尋痕跡。

一看就懂！**3** 個重點

沒有人知道最早的生物長什麼樣子

古代的生物會形成化石，讓後來的我們從中研究出很多東西。但是最早期的生物是由一個微小的細胞組成，可能連骨骼都沒有，所以它們不會成為化石留存下來。

據信，碳是有機物的痕跡

在生物的生存過程中，會產生含有碳的其他有機物。曾出現過在古老的岩石中找到有機物形成的殘存碳元素的例子，所以研究團隊會使用電子顯微鏡等設備來尋找這種碳元素。

在格陵蘭發現的遺跡

最廣為人知的例子，是在格陵蘭島伊蘇阿地區的岩石中發現的有機物，據推估約有 37 億年歷史。不過這項研究還在努力推進當中，目前正在深入研究從 40 億年岩石中發現的物質。

格陵蘭島的岩質山脈

 小知識 碳元素會一層層堆疊聚集成為一種結晶。人們就是拿堆疊成的「石墨」來分析研究。

星星 宇宙 行星 地球 太陽 月球 星系 宇宙探索

生物是從哪裡誕生的呢？

（關於生物誕生的知識）

普遍認為生物是從能夠迴避許多惡劣條件的海洋中誕生。

一看就懂！3 個重點

以前的地球環境相當不利於生物生存

推估地球形成於大約 46 億年前。地球剛形成時，不但繼續發生激烈的變化，還有數不清的隕石掉落、充滿了太陽發出的強烈輻射、紫外線等等，是一個完全不適合生物生存的惡劣環境。

歷經 2 億年才形成了海洋

地球灼熱又黏糊泥濘的地表，歷經 2 億年的時間冷卻下來，形成了一個小的海洋。但受到星子反覆碰撞的影響，造出來的海洋也多次被蒸發掉。不斷地積水再蒸發，反覆無數次後，地球終於形成了穩定的海洋，到了 40 億年前，出現了生物。

地球上出現了由單個細胞構成的生物

第一批生物究竟是從哪裡誕生的，有很多種理論。最主流的理論認為，在遠古地球的海洋深處，一些海底火山孔仍然在活動，地底岩漿溫暖了附近的海水，單細胞構成的生物就在海底熱泉誕生了。

海底熱泉

小知識 再後來，地球用了超過 10 億年的時間，才誕生出多細胞生物。

是什麼讓生物變得能夠登上陸地呢？

關於製造氧氣的生物的知識

微生物家族的一員——「藍藻」，
讓生物變得有機會登上陸地。

一看就懂！3個重點

27億年前誕生的全新生物

大約27億年前，生態系統發生了翻天覆地的變化。地球出現了像現在的植物一樣，能夠經由光合作用產生有機物和氧氣的生物。那是一種叫做「藍藻」的生物。

大氣層的成分發生明顯的變化

雖然藍藻生活在水中，但它們會利用溶解在水中的二氧化碳進行光合作用，不斷產生和釋放出氧氣。這種微小的生物努力工作了很久很久，增加了空氣中的含氧量。

在澳洲還殘留有藍藻的蹤跡

現今還有一個地方可以觀察到藍藻產生氧氣的場景。在澳洲西海岸的哈美林池，當地還留存有藍藻堆積而成的疊層石，現在都還在繼續製造氧氣。

哈美林池的疊層石

小知識 在世界各地都發現了疊層石的化石。

多細胞生物是什麼時候開始出現的？

關於多細胞生物的知識

在單細胞生物誕生 30 億年後，才開始出現多細胞生物。

一看就懂！3 個重點

最早的生物是單細胞生物

地球上出現的第一個生物，據推測是誕生在稱為「海底熱泉」的高溫高壓環境中。在這種條件下誕生的生物，每一個個體都由一個細胞組成，也就是所謂的單細胞生物。

無聊的 10 億年

自生物出現以來，它就一直保持不變，直到經過約 30 億年才終於出現了多個單細胞生物的聚合體。由於生物的進化長期停滯，科學家將這一時期的後半部分稱為「無聊的 10 億年」。

與出現生命同等級的巨大變化

生物開始陸續產生聚合體之後，最終才誕生出複雜的多細胞生物。這種變化對生物發展史來說，是非常巨大的變化。這個變化造就了地球上無數多樣化的生物。

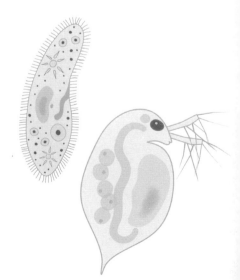

小知識 許多科學家在研究生命起源之後認為，生命出現的時間很有可能比目前認知的時期更早。

最早登上陸地的是哪種生物？

（關於登上陸地的知識）

類似昆蟲的節肢動物和類似苔蘚的生物，最早開始在陸地上生活。

一看就懂！3 個重點

臭氧層形成後，造就了多樣化的生態系統

許許多多藍藻在海洋中製造氧氣，最後在地球上方形成了臭氧層。當臭氧層讓陽光裡的紫外線難以照射到地面時，陸地也變得能夠讓生物安全生存，逐漸演變出豐富多樣的生態系統。

最早的植物很類似苔蘚

最早登上陸地的植物是一些類似苔蘚的植物。為了適應陸地上的乾燥環境，它們的表皮細胞變得特別發達。不過，推測它們仍然只具有簡單的結構，不像現在的植物有根、莖和葉等等的區別。

昆蟲的祖先也是第一批登上陸地的生物

從海洋來到陸地上生活的生物，是類昆蟲般的節肢動物。研究人員認為，踏上陸地之後，牠們為了在陸地上四處移動而演化出腳，為了可以移動得更快更遠而演化出翅膀。

紫外線被吸收

太陽

臭氧層

小知識 隨著人類文明發展帶來的影響，重要的臭氧層正在遭受破壞。

人類是在什麼時候出現的呢？

（關於人類登場的知識）

人類大約在 600 ～ 700 萬年前，
從黑猩猩等物種的祖先中分支出來。

一看就懂！3 個重點

人類這種生物的特徵在於用雙足行走

人類這種生物有很多特徵：特別發達的大腦、懂得使用火和工具，都是相當明顯的特徵。可以透過語言相互交流，也是特點之一。不過，能用兩條腿直立行走特別重要。

700 萬年前發生了巨大的變化

一個新的研究結果顯示，有一種存在於 700 萬年前的動物，很可能是黑猩猩和人類的共同祖先。人類和黑猩猩脫離了共同的祖先，各自獨立進化成為今天的樣子。

能夠用雙足直立行走的祖先的化石

在非洲的查德發現的化石，是已知最古老的雙足直立行走動物。它們的體型與黑猩猩差不多，但它們的骨骼結構讓我們得知了很多新的資訊。

小知識 因為使用兩腳直立行走，雙手可以用來做別的事，也可以看得更遠。

生態系是什麼？

關於生態系的知識

生態系不只包含生物之間的關係，而是將周圍環境也考量在內的一種概念。

一看就懂！ 3 個重點

吃與被吃的關係

動物不吃食物就無法生存下去。而「吃」與「被吃」關係的起點，是在植物上。肉食動物獵殺草食動物，而本身到最後又成為植物光合作用的養分。所以植物在生態系中被定義為「生產者」。

分解死物的分解者

食用生產者維生的動物是消費者。但有些生物的特長是分解死去的植物和動物，它們被稱為「分解者」。蘑菇和黴菌等真菌類，還有讓東西腐化的細菌等等，是「分解者」。

物質會經由食物鏈來循環

吃與被吃之間的關係叫做食物鏈。植物利用來自太陽的能量，進行光合作用產生養分，養分提供動物使用。在這個過程中，碳、氮等物質也跟著動植物的生存與死亡一起循環。整體形成了生態系統。

小知識 地球上有生物稀少的沙漠，還有海洋、河流等水下環境，具有各種各樣的生態系統。

太陽系中最大的行星是哪一顆？

（關於巨行星的知識）

太陽系中尺寸最大的行星是「木星」，最重的行星也是「木星」。

一看就懂！ 3 個重點

氣態巨行星「木星」的直徑最大

太陽系中的行星有各種大小。我們所在的地球，直徑為 12742 公里。雖然這已經非常大了，但太陽系中最大的行星「木星」，直徑有 13 萬 9820 公里，大約是地球的 10 倍。

木星在質量（重量）方面也是第一名

「木星」是太陽系中最大的行星。 就質量（重量）而言，「木星」也是最大的，它的重量約有 2000 秭公斤，有地球的 300 倍以上。「2000 秭」是一個非常大的數字，那是「2」的後面加上 27 個「0」。

密度最高的行星是「地球」

木星的直徑有地球的 10 倍，重量卻只有地球的 300 倍，而不是 1000 倍。因為木星是一顆氣態行星，密度比較小的關係。太陽系裡密度最高的行星，是由岩石所構成的「地球」。

木星是太陽系中的一顆行星，
大約比地球大 10 倍。

小知識 在標示很大的大數目時，每多四個「0」，依序是「萬→億→兆→京→垓→秭⋯⋯」。

離太陽愈近，公轉周期就愈短嗎？

（關於行星公轉周期的知識）

太陽系行星的公轉周期裡，水星是 88 天；海王星是 165 年，離太陽愈近，公轉周期就會愈短。

一看就懂！**3** 個重點

試著比較一下 8 顆行星的公轉周期吧！

公轉周期指的是繞太陽轉一圈所需的時間。水星 88 天、金星 225 天、地球 1 年、火星 1.9 年、木星 12 年、土星 29 年、天王星 84 年、海王星 165 年。行星的位置離太陽愈近，公轉周期就愈短。

公轉周期可以根據到太陽的距離計算

公轉周期的長短，要看行星和太陽的距離。只要知道距離，就可以計算出軌道周期。這個太陽的距離和軌道周期之間的關係，被稱為「克卜勒第三定律」。

跟萬有引力法則有關！

克卜勒第三定律啟發牛頓想出了萬有引力法則。距離愈近時，太陽的拉力也增加了。所以靠近太陽的行星，公轉周期就會比較短，這是一定的，不是巧合。

$$\frac{T^2}{r^3} = \frac{4\pi^2}{GM} = const.$$

萬有引力法則的最初構想，
啟發自克卜勒第三定律

小知識 克卜勒定律有「第一」、「第二」和「第三」。

為什麼要尋找適合人類居住的行星？

（關於找尋第二個地球的知識）

因為宜居行星，也就是環境與地球相似的行星，很可能存在生命。

一看就懂！ 3 個重點

過去都只存在於「故事」裡
「宇宙中有這麼多星球，除了太陽系，一定還有其他適合居住的行星」，這種說法從以前就有，不過都只是在電影、漫畫和小說裡。到了 20 世紀末，科學家們已經開始著手研究這個問題。

宜居行星能夠成為研究生命起源的線索
尋找人類可以居住的星球，也就是再次思考人類生活所需的條件。藉由探索生命賴以生存的條件，可以成為我們追溯生命起源的線索。

沒有要移民到宇宙去
尋找宜居星球，並不代表人類想要移民到其他星球去。系外行星遠到就算用光速前進，也需要很多很多年。目前人類還不具備移動到其他行星去的技術。

執行太陽系外行星和太陽系外探索計畫的無人探測器航海家號的美術概念圖

小知識 有一門學科叫做「天體生物學」（Astrobiology）。

水星、火星、木星，它們為什麼會這樣命名？

（關於行星名字的知識）

行星的名字跟它們的成分結構，
源自中國古代的五行理論。

一看就懂！ 3 個重點

古代中國思想「五行」中的「木、火、土、金、水」
五行理論是一種古老的中國思想，認為世界上的一切都由五種元素所組成。而太陽系中明亮的行星，正好也和五行的數量完全吻合。

從行星的運動而命名為「水星」和「土星」
把五行「木、火、土、金、水」應用到五個行星上，其實很相配。用像水流一樣眼花撩亂的速度繞太陽運行的行星，命名為水星；移動速度最慢，看起來像土一樣笨重的行星被命名為土星。

以行星的亮度和顏色命名
以「啟明星」（黎明之星）和「長庚星」（黃昏之星）聞名，像金子一樣亮的行星，取名為金星。靠近地球時會在夜空中展現奇異的紅色光芒的行星，就像火一樣，所以是火星。剩下一個木的元素，就分配給了最後的木星囉。

中國思想「五行理論」裡的 5 種要素。

小知識 水星的英文名字 Mercury，在英文裡也有「水銀」的意思。

為什麼行星名稱和日本星期名稱很像呢？

關於星期幾和行星之間關係的知識

水星、金星、火星、木星、土星等5個行星的名字再加上太陽、月亮，就是日本一星期裡每一天的名字。

一看就懂！ 3 個重點

太陽和月亮也是行星！？

古代的人發現，有些星星會在排列固定的星座之間移來移去。那些會動的星星正是水星、金星、火星、木星、土星，還有月亮和太陽。如果把在星座的星星之間移動、使人感到迷惑的星星叫做惑星的話，那麼月亮和太陽也算是惑星吧。

從行星的運動中檢證與地球的距離

以前的人是從月球、太陽等行星的視運動來判斷它們和地球的距離。移動最快最明顯的是月亮，動得最慢的是土星。所以那時的人認為離地球從近到遠的順序是「月球、水星、金星、太陽、火星、木星、土星」。

星期幾的順序是這樣決定的！

從最遠的「土星」開始，把時間用行星的名字來分配。第一天的1:00是「土星」，24:00是「火星」；隔天的1:00是「太陽」，24:00是「水星」。再隔天的1:00是「月亮」，24:00是「木星」，接著每天1:00的行星排起來看，就成了「星期六、星期日、星期一……」的順序了。

〈星期幾與行星的關係〉

	1:00	24:00
第 1 天	土星→火星	
第 2 天	太陽→水星	
第 3 天	月亮→木星	
第 4 天	火星→金星	
第 5 天	水星→土星	
第 6 天	木星→太陽	
第 7 天	金星→月亮	

把一天裡的每個小時，照行星的遠近來分配名字。每天1點鐘的行星就是日本星期幾的名字。

小知識　星期幾是在平安時代（794～1185）傳入日本的。

除了行星，太陽系還有什麼？

（關於構成太陽系的知識）

除了太陽，還有衛星、矮行星、小行星、彗星等小天體。

一看就懂！ 3 個重點

太陽是太陽系中最大也是唯一的恆星
太陽是太陽系中體積最大、質量也最大的天體。光是太陽，就佔了太陽系總質量的 99.8%。附帶一提，剩下的 0.2%，大部分都被木星佔走了。

太陽系中的小天體
除了太陽和行星之外，太陽系中還有其他圍繞太陽公轉的天體。繞著行星運動的「衛星」、冥王星等「矮行星」、火星和木星軌道之間的「小行星」、比海王星更遠的「系外天體」，還有帶著尾巴的「彗星」呢。

行星際塵雲、等離子體、暗物質
太陽系行星之間像沙粒一樣的小塵埃，叫做「行星際塵雲」。而太陽風送來的等離子體是「行星際物質」。此外，太陽系中還存在「暗物質」（請參照第 147 頁）。

位在太陽系盡頭的一顆極小天體
想像圖
© 日本國立天文台

小知識 從地球上可以觀察到的「黃道光」，是「行星際塵雲」對太陽光的散射造成。

宇宙中只有一個太陽系嗎？

（關於其他的太陽系的知識）

太空中有許多個太陽系（行星繞恆星運行的系統）。

一看就懂！ 3 個重點

什麼是太陽系？
受太陽引力影響的天體群，就稱為太陽系。在宇宙中，有許多像太陽一樣發光的天體（恆星），而在這些恆星的周圍，也都能觀測到圍繞恆星公轉的行星。

最早發現的系外行星是一顆巨行星
人類發現的第一顆系外行星，是飛馬座 51b。它是一顆大約木星一半大小的巨行星，圍繞中央恆星旋轉的軌道周期短到只有四天多一點點。

截至 2022 年，發現的系外行星約有 5000 顆！
截至 2022 年 4 月，已確認觀測到 4981 顆太陽系外行星。其中帶有複數行星的恆星數量有 814 顆。而帶有行星的恆星有 3672 顆。

美國 NASA 因為發現系外行星，
為表達喜悅而張貼的海報。

小知識 2019 年諾貝爾物理學獎頒給了系外行星的發現者。

為什麼會發生日食？

（關於日食的知識）

這是因為月球運行經過太陽和地球之間，遮住了太陽。

一看就懂！3個重點

日食是因為月亮擋住了太陽的光

只要有東西阻擋到光線，都會在地面或牆上形成陰影。從影子的位置看，會看不見是什麼擋住了光，只看到光亮中黑了一塊。所以當月球擋住來自太陽的光線時，在月球影子裡的我們所看到的景象，就是所謂的日食。

月球那麼小，怎麼能擋住那麼大的太陽？！

太陽的直徑大約是月球的400倍。但是，再大的東西從遠處看也會顯得小。地球到太陽的距離，剛好也是地球到月球距離的400倍左右。這就是為什麼地球上的我們，看到的太陽和月亮幾乎一樣大。

看起來一樣大就遮得住嗎？

即看起來一樣大，沒有排成一直線的話也沒用。月球繞地球運行的軌道比地球繞太陽運行的平面傾斜了一點點。當月球運行到兩邊軌道的交叉點時，太陽、月球、地球會排成一條直線，就形成了日食這種天文現象。

〈形成日食的機制〉

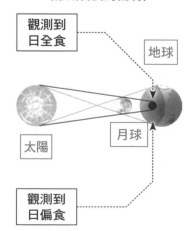

觀測到
日全食

地球

太陽

月球

觀測到
日偏食

小知識 絕對不可以直視太陽！最糟糕的情況甚至會瞎掉。

日食有很多種嗎？

（關於日食種類的知識）

根據月球遮住太陽的方式，可以把日食分成3種類型。

一看就懂！**3**個重點

月球遮蔽整個太陽的「日全食」

當太陽和月球與地球對齊成一直線時，就會形成日食。但是月球在地球上造成的陰影有 2 種類型。第一種是太陽被月球整個遮住，太陽的光線完全無法照到地球。這時在陰影中的我們也完全看不見月球後面的太陽，所以叫做日全食。

月亮遮住一部分太陽的「日偏食」

第二種是月球的影子只遮住部分的太陽。因此，和第一種比起來，被擋住的部分沒有那麼黑。在這個陰影區域之外，還是可以看到太陽的其他部分，因此這種被稱為「日偏食」。比起日全食，能觀測到日偏食的區域更多。

月亮較小，露出外側一圈太陽的「日環食」

還有一種月球小到無法完全遮住太陽，太陽看起來超出月球圓周一圈的「日環食」。為什麼明明是同一個月球，這次卻這麼小呢？這是因為月球的公轉軌道是橢圓形的，形成日環食時的月球正好是在離地球較遠的地方。

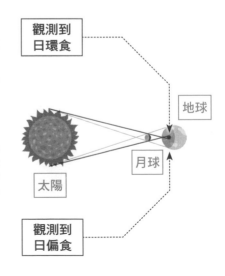

觀測到
日環食

地球

月球

太陽

觀測到
日偏食

小知識 同一個時間的日食，在不同的地方觀測，有可能會分別看到日全食和日環食。

如果太陽被遮住會發生什麼事？

(關於日食景象的知識)

日食的時候，就能看見平常因為太亮而無法直視的日冕和日珥了。

一看就懂！ 3 個重點

可以看到平時看不見的日冕

我們平時看到的太陽表面，叫做光球層，亮度非常高。當光球層被日全食遮住時，我們就能看到平時看不見的光球層外側了。看看擴散到太陽大氣層之外的日冕，是不是很明顯呢？

除了日冕，還能看到日珥出現

擴散成日冕的外層大氣和光球層之間，還有一層稱為色球層的太陽大氣層。一種叫做日珥的結構會從色球層凸出到日冕外。它的形狀像是火焰，所以也叫做「太陽閃燄」。

在天空中出線的鑽戒

遮擋了太陽光球層的月球，本身表面就有一些凹凸。如果太陽光從月球邊緣的凹處漏出來，就會形成明亮的光點，像是戒指鑲了一顆閃亮的鑽石，所以這個現象叫做「鑽石環」。

白色薄霧狀的是日冕，在右側邊緣
可以看到鑽石環現象

小知識 在日全食期間，天色會暗到像滿月的晚上。能夠順便觀測到其他行星或亮度達 1 等的星星們。

星星　宇宙　行星　地球　太陽　月球　星系　宇宙探索

為什麼會發生月食？

（關於月食的知識）

月食是因為地球擋住了照亮月球的太陽光。

一看就懂！ 3 個重點

太陽的光無法照射到進入地球陰影中的月球
地球擋住了太陽的光，形成的陰影大大地罩在了月球上。如果月球進入「太陽—地球—月球」的排列位置時，月球就會在地球的影子裡，來自太陽的光也就照不到月球了。在地球上的我們眼裡，月球會像是出現一個缺口或整個變暗，這就是月食。

完全進入地球本影中的月食
地球會形成 2 種類型的影子。分別是讓月球完全見不到光的「本影」，以及讓月球還能接收到一點太陽光投射的「半影」。如果月球完全處於地球本影的投影位置，就會形成「月全食」，只有部分進入本影就形成「月偏食」。

如果月球進入地球的半影會怎樣？
進入地球半影範圍中的月球，雖然被地球遮住大半，但還是見到一點太陽。由於月球還是有接收到一點點陽光，所以地球的半影也淡掉了。月亮只進入半影範圍的月食稱為「半影月食」，但因為變化很微弱，很難觀測到。

〈形成月食的機制〉

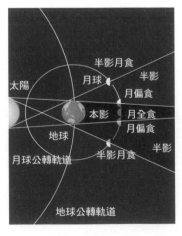

小知識 亞里斯多德正是因為地球在月球上的倒影是圓的，才會認定地球呈球形。

為什麼月球有時會顯得偏紅？

(關於紅色月亮的知識)

這是因為沒有被地球大氣層完全散射掉的紅光，偏折到地球的陰影範圍中。

一看就懂！3 個重點

藍光被地球大氣層散射，幾乎不能穿過大氣層

晴天的天空是藍色的，對吧。因為覆蓋著地球的大氣層會散射來自太陽的光，我們能看到大氣層裡散射均勻的藍光。不會被散射的紅光會穿過地球大氣層。

穿過大氣層的紅光發生折射

太陽光在進入和離開地球大氣層時，都會產生輕微的折射。因此，紅光會偏折進地球因不透明而形成的本影區域。在本影中的月球，被這道紅光映照起來，就變得偏紅了。

顏色和亮度會因為月食而不同

紅色月亮的顏色和亮度會根據月全食期間照在月球上光的多寡而變化。如果地球大氣層的塵埃含量低，折射到月球上的紅光就多一些，使它呈現明顯的橙紅色；如果塵埃含量高，它就會顯得暗紅。

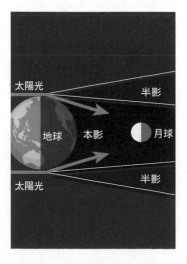

太陽光　半影　地球　本影　月球　太陽光　半影

小知識　在本影的邊緣，也觀測到一道偏藍綠色的影子，稱為綠寶石帶（Turquoise fringe）。

能提早知道什麼時候會發生日食嗎？

（關於日食什麼時候發生的知識）

日食會以固定的規律反覆發生，
18 年後就會發生同樣的日食。

一看就懂！ **3** 個重點

星星　宇宙　行星　地球　太陽　月球　星系　宇宙探索

日食的間隔是新月周期（朔望月）的 XX 倍

日食是規律性發生的，我們可以從它的間隔（周期）來判斷下一次會在什麼時候發生。當月球和太陽同一方向時，會是「朔日」，也就是新月。由於日食總是新月，因此日食之間的間隔是新月周期（朔望月）的某個倍數。

日食之間的間隔是交點月的 XX 倍

雖說日食一定出現在朔日，朔日卻不代表一定會發生日食。當月亮出現在遠離太陽的地方時，就算達成了同一方向的條件，三者卻不在一條直線上。日食之間的間隔，是月球離開交點（參照第219 頁）到下次回到交點的周期（交點月）的倍數。

同樣的日食會發生在大約 18 年後

1 個朔望月大約是 29.53 天，1 個交點月大約是 27.21 天。所以朔望月的 223 倍、交點月的 242 倍，6585 天，正是它們的公倍數。2012 年的 5 月 21 日時，在日本觀測到了日環食，所以能推測到 18 年後的 2030 年 6 月 1 日會再發生同樣的日環食。

月球和太陽離得很遠，雖然是朔日，但不會發生日食

在交點附近，朔日將發生日食

月球軌道

太陽

地球

交點

~5.1° 太陽的運動（周期 1 年）

月球

在交點附近，朔日將發生日食

月球的運動（周期約 27 天）

月球和太陽離得很遠，雖然是朔日，但不會發生日食

小知識 這個周期稱為沙羅周期。在公元前就已經被用來預測日食的日期。

較常看見的是日食還是月食？

（關於哪種較常出現的知識）

日食發生的頻率比較高，但月食比較常被觀測到。

一看就懂！ 3 個重點

月食是在什麼時候發生？

考慮到日食和月食的發生方式，可以預計月食會在日食後半個月左右發生。由於半個月之後地球的位置已經改變了，可以看到太陽的方位也略有變化。所以不一定會完全照推測發生。

什麼情況下最有可能發生？

月亮愈頻繁地在會遮擋到太陽的位置運動時，發生日食的機會就愈大。而月球進入的地球陰影區域愈寬，發生月食的可能性就愈大。經過計算，會發現日食的發生率大約是月食的 3 倍。

月食更常見嗎？

雖說日食比月食更容易發生，但只有少數地區觀測得到日食。而在地球上只要是看得到月亮的地方，就可以觀測月食。因為月食總是吸引很多人注意，所以一般容易誤以月食比日食頻繁。

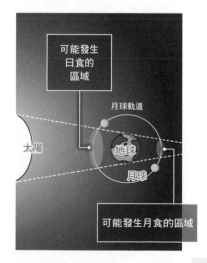

可能發生日食的區域

月球軌道

太陽

地球

月球

可能發生月食的區域

星星　宇宙　行星　地球　太陽　月球　星系　宇宙探索

為什麼月亮和太陽 看起來差不多大？

關於月球和太陽外觀的知識

月亮比太陽小得多，但由於距離地球很近，
所以看起來好像很大。

一看就懂！ 3 個重點

光到月球的距離是 1.25 秒
月球是一顆圍繞地球旋轉的衛星。它是地球身邊的星球，也是人類唯一登陸過的星球。近到光只需要 1.25 秒即可到達月球。不過，阿波羅太空船去月球花了 73 個小時，大約等於 3 天。

光到太陽的距離是 8 分 20 秒
位在太陽系的中心，也是太陽系中最大的天體——太陽，可比月球遠得多了。我們現在看到的太陽光，都是大約 8 分 20 秒前離開太陽的光。而人類發射的太陽探測衛星，要靠近太陽大約需要花上 4 年。

近的東西看起來更大
近的東西看起來大，遠的東西看起來小，星星也是一樣的。我們幾乎不會注意到天空中其他星星的大小差別，只有太陽和月球，近到我們用肉眼就能感受到它們的距離和大小。

月亮的大小只有太陽的 1/400 左右

小知識 剛剛升起或即將落下的月亮和太陽，看起來都會比較大，但那都是錯覺。

為什麼弦月時還是看得到月亮的圓形呢？

關於地照的知識

太陽照射到地球上的光，又從地球反射到月球，讓月球的圓形朦朧地浮現。

一看就懂！ 3 個重點

新月前後 3 天都能看見月球若隱若現

照亮月球的陽光，也會照到地球。這道光會反射到月球上。當它再反射到地球時，除了月球被陽光照亮的部分之外，還能隱約看到月球的其他部分，這被稱為地照。

冬天的地照是最明顯的

細細的弦月每個月都看得見，但想要看到地照現象，冬天會更容易觀測。冬天的空氣清澈，弦月的位置也很高，很多人都自然地注意到了。

月光微弱期間，更容易觀測星空

在新月前後 3 天左右，月亮呈現細細的弦月型。這時月亮照射的區域很小，應該能夠清楚地觀測星空。由於月亮比其他星星亮太多了，對觀星會造成很大影響。

星星
宇宙
行星
地球
太陽
月球
星系
宇宙探索

小知識 雖然發生的機會不多，但還是有可能在日全食的時候觀測到地照現象。

為什麼月亮會有陰晴圓缺？

（關於月相變化的知識）

月球圍繞地球旋轉，根據太陽、地球和月亮的位置，月球受光的部分也會有所變化。

一看就懂！**3** 個重點

月亮不會自行發光

月球是一顆圍繞地球旋轉的衛星。所以它並不會自行發出光芒。但從地球上可以看到月球受到太陽光照亮的部分。圖中的重點「キ」是地球上看不到的新月。

半夜時分在正南方升起的滿月

ウ位置的月亮是滿月。看起來太陽的光好像被地球擋住而照不到月球，但大多數情況都是不受影響的滿月。當滿月在偏南方天空運行時，要看到滿月必須等到大半夜。

即使形狀一樣，也還有分左右邊

新月後三天左右，月亮呈現細細長長的弦月，所以在日本也叫做三日月。那是在ク的位置，看得到它的時間在傍晚，亮的是右邊。而新月前三天的弦月，是在カ的位置，早上才能看見。

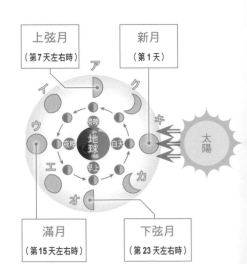

上弦月
（第7天左右時）

新月
（第1天）

滿月
（第15天左右時）

下弦月
（第23天左右時）

太陽

小知識 月亮在ア的位置稱為上弦月，在オ的位置稱為下弦月。

一個月只會有 一次滿月嗎？

（關於滿月的知識）

絕大多數時候，一個月只會有一次滿月。

一看就懂！ **3** 個重點

月球以恆定的速度公轉
月球是一顆圍繞地球進行公轉的衛星。它在繞地軸自轉的同時以恆定速度繞地球公轉。月球繞地球一圈，大約需要 29.5 天。

能看見滿月的位置只有 1 個
看月球繞繞地球一周的期間裡，從地球看到的月球外觀雖然會發生變化，但滿月只會出現在第228 頁圖表中的「ウ」位置。所以滿月才會是一種一個月只能看到一次的現象。

月亮看起來的樣子時刻都在變化
月亮的外觀會因為它在地球的哪個方位而不停變化，就算是滿月的日子，也會因為當天進行觀測的時間點而有所不同。如果要看到相同的形狀，必須等待 29.5 天。

© 日本國立天文台

小知識 由於月亮的周期約為 29.5 天，有時候能在一個月裡看到兩次滿月。

星星　宇宙　行星　地球　太陽　月球　星系　宇宙探索

月球 「月亮的陰晴圓缺和公轉」週

一 二 三 四 五 六 日

為什麼冬天的滿月看起來特別遠？

（關於月亮外觀的知識）

這是因為冬天太陽的高度比較低。

星星

宇宙

行星

地球

太陽

月球

星系

宇宙探索

一看就懂！ 3 個重點

太陽經過的軌跡是黃道，而月亮的軌跡叫做白道

把從地球看到的太陽周年運動軌跡，在天球上標示出來，這條軌跡就是黃道。同樣地，月亮在天球上運行的軌跡則叫「白道」。白道和黃道的路徑幾乎是同一條線。

滿月的位置會在太陽的對面

地球上看到夜晚的滿月時，就表示太陽位於月亮的相反位置。平時白天太陽的高度角，會隨著季節而變化，太陽在夜間的位置一樣也會隨著季節而變化。

滿月與太陽高度角呈完全相反

位置在太陽對面的滿月，高度也和太陽高度角呈現完全相反。冬季的太陽，高度角比較低，而滿月是在太陽的相反位置反射太陽光，這就是為什麼滿月看起來更高的原因。

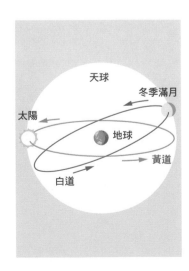

小知識 黃道和白道的交角（相交點切線形成的夾角）只有 5.1 度。

月球公轉的速度大概有多快？

（關於公轉速度的知識）

如果把月球的公轉軌道看成一個圓，
它的公轉速度大約是每秒 1 公里。

一看就懂！ 3 個重點

月球距離地球 38 萬公里

地球到月球的平均距離為 38 萬公里。雖然準確一點來說，月球的公轉軌道是橢圓形，不過為了方便計算，假定它是一個圓形軌道的話，圓的半徑會是 38 萬公里。

求出公轉軌道的周長為 239 萬公里

根據這個半徑，計算出月球的公轉軌道總周長約為 239 萬公里。月亮大約一個月繞這個距離公轉一圈。如果把周長和總時間換算成每秒的速度，秒速約為 1 公里。

月球移動自己直徑長的距離需要 1 小時

月球的直徑約為 3500 公里。如果月球以每秒約 1 公里的速度移動，也就是月球在大約一個小時內就能移動的自己直徑那麼長的距離。所以，月球移動的速度非常快。

〈橢圓形軌道〉

星星
宇宙
行星
地球
太陽
月球
星系
宇宙探索

小知識 地球移動自己的直徑那麼長的距離，只需要約 7 分鐘。

月球正在離開地球嗎？

（關於地球和月球之間距離的知識）

月球雖然在離開地球，不過一年只變遠了3.8公分。

一看就懂！3個重點

遠古的月球看起來更大
月球在距離地球38萬4千公里處公轉。不過，在遠古時候，似乎是近在2萬5千公里處公轉。那時候的月球，看起來比現在的大非常非常多。

地球的自轉速度正在減緩
覆蓋了地球表面約70%的海洋，它的潮汐現象都是來自月球的影響。由於潮汐力量的影響，地球的自轉速度正在逐漸變慢。

就像花式滑冰運動員一樣
當正在旋轉的花式滑冰運動員張開雙手時，旋轉速度不是會愈來愈慢嗎？這與地球自轉速度減慢會導致月球離地球愈來愈遠的現象，是一樣的原理。

月球正在慢慢地遠離地球

小知識 地球自轉速度變慢，也就是1天的長度會變得比以前更長。

哪個國家對宇宙開發最投入呢？

（關於積極進行宇宙開發的國家的知識）

主要有美國、日本、中國、俄羅斯、歐洲、印度、韓國等等。

一看就懂！3 個重點

簽署國際條約來維護和平與安全

在宇宙探測開發的尖端領域，包含許多會對其他國家保密的技術和策略，為了能安全地推進研究和經濟活動，國際間已經制定了國際條約，規劃出人類在宇宙空間的行為準則和規定，大多數國家都簽署參與。

國與國之間攜手合作進行宇宙開發

1960 年代以來，美國與前蘇聯（俄羅斯等）一直在激烈競爭。後來，日本和歐盟加入其中，透過不斷的合作與競爭，引領太空探索的發展。由 NASA 和歐洲太空總署主導，許多國家都參與了共同企劃。

中國、印度和韓國，另闢道路迅速發展

進入 2000 年代之後，一些國家迅速擴大投入宇宙開發企劃，特別是中國和印度正在獨力進行載人太空飛行計畫。另外，中國也在建設自己的宇宙太空站。

美國佛羅里達州甘迺迪太空中心

星星

宇宙

行星

地球

太陽

月球

星系

宇宙探索

小知識 日本的預算規模雖然很小，但多年來獲得了顯著的成果。

宇宙探索 「宇宙探測科技」週
一 二 三 四 五 六 日

國際太空站是什麼？

（關於國際太空站的知識）

在位於宇宙的巨大載人太空站上，
正在進行各種實驗和研究。

一看就懂！3 個重點

15 個國家合建、宇宙中唯一的研究所

在宇宙中建設國際太空站（ISS）的行動始於 1998 年，並於 2011 年 7 月完工。參與建設的共有美國、俄羅斯、日本、歐洲太空總署的 11 個國家、加拿大等 15 個國家。它是一個非常特別的研究所，由於建在 400 公里高空，幾乎不受引力和大氣層影響。

6 名太空人長駐太空站

目前有 6 名太空人在太空站中輪班工作。他們除了進行世界各地委託的實驗和提供國際太空站的資訊，生活中的一切都有固定的時間表，飲食、運動和睡眠都形同重要的工作。有時也必須執行太空站外等有危險性的工作。

太空站所有物資都由地球供給

國際太空站的設備靠太陽能電池產生的電力就能夠獨立運作，但除了電力，不只是水和食物，連空氣都必須由地球方面定期補給。日本研製的補給用無人太空船「白鸛號」（こうのとり，H-II 傳送載具），在補給任務上相當活躍。

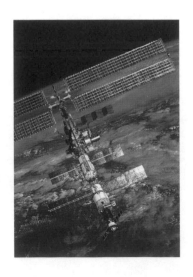

星星
宇宙
行星
地球
太陽
月球
星系
宇宙探索

小知識 JAXA 太空人在宇宙停留的時間，被視為「業務出差」。

我們看得見國際太空站嗎？

（關於肉眼看得見的宇宙的知識）

如果觀測條件夠好，用肉眼也可以看到有如一顆明亮星星的太空站。

一看就懂！**3**個重點

它在比雲層更高的地方運行

足球場大小的國際太空站，因為位置在距離地面 400 公里的高空，用肉眼去看的話，它看起來只是一顆明亮的星星。它本身不發光，但是會反射陽光而發光。如果用高解析度的天文望遠鏡，甚至可以看出國際太空站的形狀。

抓緊地面上是夜晚、國際太空站是白天的時刻

想要用肉眼看到太空站，有 2 個必要條件：地面上必須是能夠看到許多星星的晴朗夜晚，同時太空站必須處於陽光照射的白天。

通往國際太空站的路徑很單純，執行卻很困難

國際太空站會以和赤道平面成 51.6°的軌道傾角繞地球運行。從自轉中的地球上看它，會感覺它每次飛行的路線都略有不同。想要確定它的觀測位置，需要複雜的計算。

隸屬於國際太空站的日本實驗艙「希望號」（きぼう，Kibō）

國際太空站裡有哪些人呢？

（關於在國際太空站上班的人的知識）

國際太空站上會有太空人和一般人輪流進駐。

一看就懂！ 3 個重點

長駐團隊以及短期停留團隊

在宇宙開發探測方面，分為一次派駐好幾個月的長期停留團隊，以及一兩週後就返回地球的短期停留人員。太空站裡的工作，需要跟任務和太空船發射行程等相互搭配，讓團隊能夠輪流執行。

國際太空站的通用語言是英語，有時是俄語

國際太空站的官方語言是英語。就算是日本太空人在和日本控制室溝通時，也是用英語進行。但登上俄羅斯聯盟號或和俄羅斯控制室通訊時，就是用俄語。太空人的國籍比例上，人數較多的順序是美國、俄羅斯、日本。

會有更多遊客前往太空站嗎？

自 2001 年首次有平民造訪國際太空站以來，2021年包括一名日本商人在內共有 29 位遊客，2022年甚至有一個美國旅行團前往國際太空站。據說未來遊客人數還會繼續增加。

NASA 網站上發布的國際太空站
成員合照

小知識 想要成為 NASA 的太空人，首先必須具有美國國籍。

國際太空站上是使用哪種時間標準？

（關於調整時差的知識）

國際太空站使用世界協調時間（UTC）。

一看就懂！ 3 個重點

一個每 45 分鐘就經歷晝夜交替的世界

由於國際太空站每 90 分鐘繞地球運行一次，因此 45 分鐘就會晝夜交替。工作為每天 24 小時分 3 班輪班，所以國際太空站上的時鐘，使用的是世界協調時間。

與地球的通訊也是以世界協調時間為準

和地球上的人通訊時，也同樣使用這個時間標準。日本的控制室也是採用 UTC。UTC 不僅是國際太空站的標準時間，也是世界各國的標準時間，它由銫原子鐘進行計時。UTC 也用來做超出國家邊界時的時間判定。

有時也會使用 UTC 以外的「時鐘」

據說俄羅斯聯盟號太空船，在飛行期間使用的就是莫斯科標準時間。目前已經退役不再使用的太空梭，是用發射後過掉多少時間來作為標準時間。時鐘確實和許多重要的標準息息相關。

聯盟號太空船

小知識 格林威治標準時間（GMT）已經在 1981 年 12 月 31 日宣告停用。

國際太空站的日本實驗艙「希望號」是什麼？

關於日本實驗艙「希望號」的知識

「希望號」是在國際太空站內由日本負責開發建造的實驗艙。

一看就懂！ 3 個重點

日本首部載人實驗設施是國際太空站上最大的模塊
希望號實驗艙由機載儲藏室、機載實驗室、舷外實驗平台和機械臂組成。實驗艙內的溫度、濕度、氣壓和空氣成分都被控制得跟在地球上一樣，所以太空人可以穿普通服裝行動。

在艙內活用微重力環境進行實驗
在地球上無法迴避的引力，到了國際太空站就不再是問題了。在這種特殊環境下，就算加溫液體也不會發生對流、物質會毫無偏差地混合均勻等等，太空人正是在這種對地面的人來說，有如「不可能」的環境裡進行各種實驗。

從地面就能操控的機械臂
希望號剛建成時，機械臂還需要太空人直接操作。到了現在，它已經進步到由地面的控制中心遠程操作。太空人必須把心力集中保留給只有人類能進行的工作中。

小知識 建構希望號所需的材料，僅用了 3 次發射就完成了所有運輸。

有可能在宇宙蓋旅館嗎？

（關於太空旅館的知識）

國際上陸續有機構宣布要在月球或地球靜止軌道上建造旅館的構想。

一看就懂！3個重點

美國和日本公司正在進行的計畫
以觀光旅遊為目的來建造太空旅館的提議有很多，其中由美國和日本所設計的外太空漂浮艙計畫，將在2020年代後期開始建造。據說這裡將採取人造引力來達成微重力環境。

不經過特殊訓練也可以去太空嗎？
目前還有很多細節無法得知，但相關團隊正在開發一種比目前的太空船更舒適的載具。不過，長期生活在低重力環境中的旅館服務人員和保安人員等，看工作的內容，應該會需要經過專門培訓。

太空旅館據說會是未來的水療中心？
確實有許多研究在探討使用引力低於地球表面的環境來做復健或治療的可能性。就像一般人會去泡溫泉紓緩身心一樣，或許去太空療養身心成為一種選擇的日子也不遠了呢。

星星 宇宙 行星 地球 太陽 月球 星系 宇宙探索

小知識 緩慢旋轉的甜甜圈形太空站，經常出現在各種科幻動畫中，特別為人熟知。

為什麼能知道銀河是什麼組成的？

（關於銀河真面目的知識）

因為人類用望遠鏡把宛如天空中的銀色河流放大來看個仔細。

一看就懂！3個重點

銀河是許多星星集合而成

1610 年前後，伽利略用自製望遠鏡觀察銀河時，發現每一個星點，其實都是一群恆星。在人類的眼中，許多星星重重疊疊在一起，看起來就像在天空中有一條閃爍著淡淡光芒的河流。

試著數一數天上的星星有多少？

德國天文學家威廉・赫歇爾（F. Wilhelm Herschel）曾經用他自製的望遠鏡，調查整個天空中究竟有多少顆星星。他將可見的區域分成相等間隔，再分別計算每個區域的星星。就像自己為中心，數出身邊森林中到底有多少棵樹的感覺。

銀河系的外表是什麼樣子呢？

赫歇爾費盡心力計算後，他認為星星看起來特別多的地方，恆星的分布就愈集中；而恆星的顏色愈暗，很可能就表示它們分布的愈遠。因此，他推測銀河系的形狀像一個凸透鏡（圓盤）。

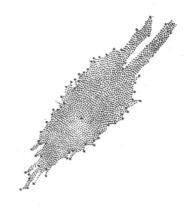

赫歇爾根據計數觀察繪製的
銀河系結構

 小知識　赫歇爾的假設建立在「已經觀測到所有的星星」的前提上，所以這是一個不夠完整的想像圖。

側邊標籤：星星　宇宙　行星　地球　太陽　月球　星系　宇宙探索

銀河系大概有多大呢？

（關於銀河系大小的知識）

銀河系的直徑大約是10萬光年！
這是一個緩慢旋轉的圓盤狀星系！

一看就懂！3個重點

從銀河系的上面看，會是漩渦形的嗎？

銀河系由類似太陽的恆星和氣體所組成，它們大量集中在中央部位附近。所有物質都被往中央方向的引力拉著旋轉，就像是遊樂園裡的旋轉鞦韆。

銀河系的側面看起來像是銅鑼燒？

從側面看的話，中央隆起，愈往外就逐漸變薄。它的直徑約為10萬光年，厚度約為1000光年。形狀和銅鑼燒很像，假設銀河系是直徑10公分的銅鑼燒的話，厚度就只有1公釐，很平、很扁。

它會繼續長大嗎？

根據觀測其他類似銀河系的螺旋星系的結果，發現那個星系會以每秒約500公尺的速度增大。每當一顆新的恆星在銀河系外誕生時，銀河系也就隨著擴大。所以我們的銀河系可能也正在一點一點地變大呢。

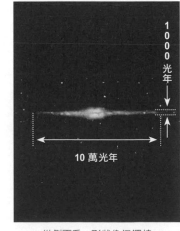

1000光年

10萬光年

從側面看，形狀像銅鑼燒

小知識 太陽系大約每2億年繞銀河系轉一圈（約每秒220公里的速度）。

銀河系為什麼是一個漩渦？

關於銀河系漩渦圖案的知識

因為銀河系是由好幾個星系合體形成的。

一看就懂！ 3 個重點

漩渦圖案的秘密

小的星系會合併形成大星系，它們在聚集的過程中會形成圓盤狀。當其他小星系經過這個圓盤附近，受到它的引力影響，圓盤會慢慢形成一個螺旋結構。

形成旋轉的螺旋狀圖案

銀河系中的恆星們雖然聚集成一個圓盤，但從中心到邊緣的恆星分布並不是均勻排列的，它會排列成一個螺旋般的圖案。當然，它也確實會旋轉。另外，在中央也可以看到棒狀結構。

太陽系也在它的旋臂中

銀河系的螺旋狀結構中，有幾個旋臂。我們所在的太陽系就被獵戶臂、外側的英仙臂和內側的人馬臂夾在中間。當太陽和旋臂上的星星一起運行時，太陽本身也在一點一點地移動。

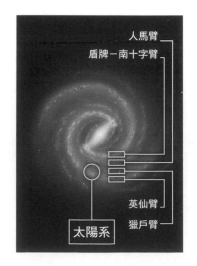

人馬臂
盾牌－南十字臂
英仙臂
獵戶臂
太陽系

小知識 棒狀結構發揮了阻止星系旋轉的作用。

星星 宇宙 行星 地球 太陽 月球 星系 宇宙探索

銀河系中大概有多少顆星星呢？

（關於銀河系組成的知識）

銀河系由超過 1000 億顆以上、數也數不完的恆星組成。

一看就懂！ 3 個重點

像太陽一樣能自行發光的星星大家族

銀河系是由無數能夠像太陽一樣自己發光、產生能量的恆星所組成。除了恆星，銀河系還包含氣體、塵埃和許多已經走完一生的恆星所形成的行星狀星雲。

我們所看到的還不是全部

如果仔細觀察銀河系，會發現有些地方是全然黑暗，什麼也看不見的。但它並不是真的什麼都沒有，那是恆星和恆星之間漂浮著氣體和塵埃（星雲）的空間，也是以後會形成新的恆星的地方。

也有一些漆黑的星雲（暗星雲）

在宇宙塵埃中，有些類型的塵埃會吸收掉恆星的光芒。如果恆星和我們之間夾著星雲，它就會遮擋掉恆星的光，而星雲的部分就會像影子一樣是黑色的。就像平常看煙火的時候，如果有煙霧冒出來，就會遮住了煙火的光一樣。

暗星雲

小知識　銀河系中恆星的數量，是從太陽附近恆星的運動中，調查出銀河的旋轉速度，再從旋轉速度中計算出數量。

銀河系現在是什麼狀態呢？

關於銀河系構造的知識

銀河系不是只有一個圓盤！
它具有三個部分，而且往外擴散得很廣。

一看就懂！3個重點

「圓盤」以及「核球」結構

銀河系的形狀，是包括太陽系在內的眾多恆星圍繞成一個圓盤，恆星聚集在圓盤的中心形成隆起，這個凸起來的部分叫做核球。此外，在凸起部位的上方和下方，擴散分布著溫度有1萬℃的熱氣體（費米泡泡〔Fermi Bubble〕）。

包圍著核球和費米泡泡的是「銀暈」

銀暈是包圍著核球和費米泡泡的巨大光暈。銀暈的直徑約為100萬光年。銀暈由稀薄的熱氣體、球狀星團和暗物質等等所組成。

略為扭曲的圓盤

自1950年代以來，人們就知道銀河系的圓盤並非完全平坦，而是有一點歪歪扭扭的。一頭稍微向上彎曲，另一頭向下彎曲。現在還不清楚形成這種扭曲的原因。

核球

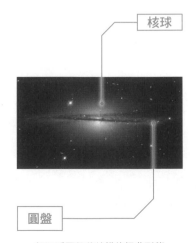

圓盤

銀河系圓盤狀結構的扭曲形態

小知識 有人認為，說不定是星系之間的碰撞，造成了銀河系的圓盤結構變形。

星星 宇宙 行星 地球 太陽 月球 星系 宇宙探索

很有名的仙女座星系有什麼特別之處呢？

（關於仙女座星系的知識）

仙女座星系距離地球約 250 萬光年，是鄰近地球的星系之一。

一看就懂！3 個重點

銀河系的姐妹星系

仙女座星系，也就是出現在秋季夜空中的仙女座，用肉眼就能觀測到它。它是銀河系附近的星系之一，直徑大約 22 萬光年。由於它的形狀和大小跟銀河系很相似，所以也被稱為「姐妹星系」。

星系群

仙女座星系並不是銀河系的唯一鄰居。在南半球天空中可以看到的大麥哲倫星系和小麥哲倫星系也是我們的鄰居。大麥哲倫星系距離太陽系約 16 萬光年，比仙女座星系更近。

本星系群

在銀河系周邊，以銀河系和仙女座星系為中心，形成了包括小星系在內聚集共 50 幾個星系在內的星系群。這個星系群組被稱為本星系群，直徑約為 480 萬光年。

仙女座星系（大）和伴星系（小）
©Robert Gendler & Russell Croman

小知識　研究仙女座星系及其附近星系歷史的學問，被稱為「銀河考古學」。

星系和星系會相撞嗎？

（關於星系相互衝撞的知識）

> 銀河系和仙女座星系會互相穿插，
> 最後合併成一個更大的星系。

一看就懂！**3** 個重點

大約 40 億年後
預測結果指出，在 40 億年內，銀河系會和鄰居仙女座星系相撞。人們認為，在衝擊過後，這兩個星系的形狀會發生很大的變化。

以每小時 40 萬公里的速度接近
大星系之間由於強大的引力作用，會讓彼此之間愈靠愈近。這項預測在 100 多年前就已經提出，不過至今都還在研究，到底銀河系和仙女座星系是會擦身而過，還是碰撞後合併。

令人期待的銀河系新姿態
雖然有很多人提出星星之間碰撞的想像圖，不過銀河系中恆星之間的距離夠大，正面撞擊的可能性很小。相反地，研究人員認為，彼此引力的影響會改變它們原本的運動，然後會有許多還沒有成為恆星的氣體等等物質，在受到大量刺激後，誕生出許多新恆星。

星系相撞時的模樣，説不定會出現在
地球夜空中的想像圖

小知識 銀河系一直在和其他星系碰撞和合併，逐漸成為今天的樣子。

星星 「天文館／天象儀」週
一 二 三 四 五 六 日

天文館的名字是怎麼來的？

（關於天文館名字的知識）

天文館名字起源來自 Planet（行星）
和 Arium（場所）。

一看就懂！ 3 個重點

Planet（行星）+ Arium（場所）= Planetarium 天文館
行星在英文中寫做「Planet」，Planetarium 天文館的名字就是從這裡來的。後半的
「arium」，是拉丁語的「場所」。在拉丁文裡，水族館叫做「Aquarium」。

重現出行星不可思議運動的裝置
18 世紀荷蘭的艾辛格（Eise Eisinga）首先使用了
天文館這個名字。他在自家客廳的天花板上搭建
了一個會動的行星模型，用來向大眾說明行星是
如何運動的。這個房間就叫做天文館。

機器、設施、影片？
到了現代，Planetarium 指的是將星空投射到圓頂
銀幕上的機器，或者是有這種機器所在的設施。
另外也能用來稱呼天文教育影片。當有人說「我
去了 Planetarium」時，意思是指天文館；而當有
人說「我看過 Planetarium」時，指的則是天文教
育影片。

擁有世界最大天象儀設備的名古屋市
立科學館，也闢了一間展覽室來介紹
當初的「艾辛格天文館」

小知識 後綴有「~arium」的單字還有 auditorium（禮堂／觀眾席）以及 terrarium（玻璃製培養
箱）等等。

星星 宇宙 行星 地球 太陽 月球 星系 宇宙探索

星星

宇宙

行星

地球

太陽

月球

星系

宇宙探索

天象儀是從什麼時候開始有的？

（關於天象儀起源的知識）

天象儀是 1923 年時首次在德國面世。

一看就懂！ 3 個重點

德國一家博物館準備的「宇宙複製品」

1923 年 10 月，慕尼黑的德意志博物館向大眾公開史上第一座投影式天象儀。它是由光學製造商蔡司（Zeiss）開發和製造，能夠讓許多人一起觀賞星空的天象儀，正是星空的複製品。

在圓頂銀幕上投射星星的裝置

其實，從很久以前開始，博物館就有各種展示行星運動的展覽。不過，每展示一次，能參與的對象都很有限。於是才有了把星空投影到一個大圓頂上，同時向許多人展示說明的裝置。

日本最早的「大阪市立電氣科學館」

1937 年大阪市立電力科學館在大阪四橋開館，它是日本最早的科學博物館，也是亞洲第一家擁有德國製造的蔡司 II 型天象儀的天文館。隔年（1938年）在東京有樂町也建成了一座天文館。

現在仍然使用中的日本最古老天象儀
（明石市立天文科學館）

小知識 漫畫家手塚治虫經常拜訪大阪市立電力科學館的天文館。

天象儀的構造是怎樣的呢？

（關於天象儀構造的知識）

天文館會像播電影一樣，
將星星投射到圓頂的銀幕上。

一看就懂！**3**個重點

在白天的室內就能看到星空

觀星要在晴朗的夜晚戶外去。但是在天文館，大白天的室內就能看到星星。事實上，在天文館看到的星星並不是真正的星星，那是天象儀投影在圓頂銀幕上的人造星空。

星空和行星是由不同的裝置投射出來的

在天象儀中，有一種稱為恆星原板的零件，內部燈泡的光會透過恆星原板上的針孔，將星座的模樣投影出來。而太陽系的行星會有個別的投影儀，可以清楚呈現出行星在星座之間的位置變化。

不斷發展進化的天象儀

天象儀發明於大約 100 年前，當時是使用齒輪來改變行星的位置。近代的天象儀已經具備使用電腦來改變投影儀方向或將 CG 畫面投影到圓頂上的系統。

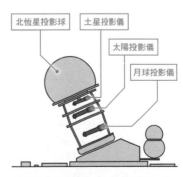

北恆星投影球　土星投影儀

太陽投影儀

月球投影儀

行星和恆星是採取不同方法投影。這張圖中，在圓形的恆星投影儀底下的是行星投影機，也有一些系統是另外設置電腦控制的獨立行星投影儀

小知識 除了星星之外，天文館中還有赤道和黃道、星座圖等等投影儀。

星星
宇宙
行星
地球
太陽
月球
星系
宇宙探索

天象儀顯示的星星和真正的星星一樣多嗎？

關於天象儀裡的星星數量的知識

視機型的功能而定，有些天象儀能投影的星星數量比我們在夜空中能看見的更多。

一看就懂！3 個重點

夜空中有多少顆星星？

以全天來計算的話，天空中有 21 顆 1 等星，肉眼可見的星星約有 8600 顆。有些天文館會講究讓設備只能投影出肉眼可見的星星。天象儀製造商會依照客戶的要求來製作。

也能投影出在宇宙中看到的星空

肉眼可見最暗的恆星是 6 等星，但有一些天象儀會連更暗的星星也投影出來。 太空人在太空中觀測時，他們也可以看到許多在地面時因為太暗而看不到的星星。天象儀也能投影出在太空中看到的星空。

投影出看不見的星星的投影儀

有一些投影儀會刻意把肉眼看不見的暗星處理得看不見。由於另外投影了肉眼看不到的星雲和星團，要用雙筒望遠鏡才能看見。在這樣的天文館裡，據說更能夠感受到宇宙的深邃。

能夠投影出 2200 萬顆星星的 SUPER MEGASTAR-II

小知識 MEGASTAR 可以投射 2200 萬顆恆星。這是上市當時世界最高記錄。

有可以移動的天文館嗎？

（關於移動式天文館的知識）

有一種移動式天文館，會將投影星空用的投影儀和圓頂一起帶來。

一看就懂！3 個重點

投影儀和圓頂大駕光臨
移動式天文館是一種把小型天象儀跟投影用的圓頂整組帶到體育館的服務。圓頂銀幕是採取充氣膨脹來使用的設計，很方便攜帶。

活躍於各種活動中！
在學校天文研究、幼稚園或安親班的課程，甚至地方節日和文化節等各種活動中，移動式天文館都是大熱門的節目。天象投影儀和圓頂銀幕有很多種款式，如果有需要，記得向服務商諮詢。

有些天文館或專業公司都能提供
有一些大型天文館裡會有出租迷你天象儀，讓人可以帶回家的服務。另外也有移動式天文館的專業公司；也有的服務可以加派解說員，帶領觀眾享受快樂的天文投影體驗。

6 公尺高充氣式圓頂銀幕的移動式天文館

小知識 福島、東京、山梨、石川和兵庫等等，日本各地都有移動式天文館公司。

星星

宇宙

行星

地球

太陽

月球

星系

宇宙探索

中央沒有機械裝置的天文館是什麼樣的？

（關於 CG 投影式天文館的知識）

有一些天文館在房間中央是沒有投影儀的。

一看就懂！ **3** 個重點

中間的投影儀投射出星空

通常，在天文館的地面中央會有一台天象儀，用來在圓頂投射出廣闊的星空。當天象儀旋轉時，圓頂上投影出來的星空也會整個跟著移動，所以它必須設置在房間中央。

CG 投影更加方便

除了星星，天文館還能夠投射出星星的運行路線和星座圖。最近，有些地方開始改用 CG 投影。有時候 CG 投影儀可能會放置在圓頂周圍，但圖像會經過電腦進行扭曲校正，完全不用擔心失真。

星空投影儀到哪去了？

最後，房間中央沒有機器的天文館開始出現。這種天文館是在圓頂銀幕的周圍投影出 CG 製作的星空影像。這麼一來，再也不用擔心房間中央的天象儀會遮擋到星空了。

中央處沒有天象儀的天文館在圓頂周圍有一排投影機負責投射 CG 圖像

小知識 圓頂銀幕不僅可以用來投射星空，也能夠投射各種大型影音檔案。

天花板會閃爍發光的天文館是什麼樣的？

（關於最先進天文館的知識）

雖然目前還很少見，但有些天文館已經配備會閃爍發光的圓頂銀幕了。

一看就懂！ 3 個重點

夢想中的天文館

乾脆不要用投影的，把天頂做成能像星星那樣發光的樣子不就好了嗎……能夠實現這種夢想的天文館，已經在 21 世紀出現了。因為天頂自己會發亮，中央當然也就不需要天象儀來投影了。

明亮生動的 **LED** 圓頂銀幕

傳統的天文館是把星星投射到圓頂銀幕上，而新式的 LED 圓頂系統是一種在銀幕上安裝 LED 燈的顯示系統。由於 LED 燈會發光而不是單純的投影，在亮度和鮮豔度上都得到了大幅改善。

在名古屋和橫濱都能見到

「名古屋滿天 Konica Minolta Planetarium 」於 2021年 10 月開業。接著，2022 年 3 月「 橫濱 Konica Minolta Planetaria 」也開業了。兩者都是日本最早的 LED 圓頂系統天文館。

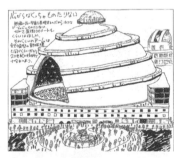

一幅 20 世紀的繪畫中，對「中央處沒有投影機而天花板會自行發光」的天文館的想像。到了 21 世紀，「天花板會發光的天文館」已經實現了。

出處：山田卓〈山田隆史《天文館圖鑑》27：21 世紀的行星》《天文與氣象雜誌》1980 年 3 月號，p54-55

 小知識 「天花板會發光的天文館」的構想是由日本天文館協會會長山田卓所提出的。

宇宙大爆炸是什麼引起的？

關於光芒四射的膨脹現象的知識

宇宙有一個初始點。那是一個溫度極高、密度極大的狀態。人們認為那就是宇宙暴脹。

一看就懂！ 3 個重點

宇宙膨脹

天文學家哈伯於 1924 年發現，除了銀河系還有其他星系，仔細觀測這些星系遠離銀河系的速度後，得出「所有的星系（星星）正在遠離」的結論。他以這個結論為基礎，在 1929 年發表了宇宙整體膨脹論。

還有一種理論認為，即使宇宙在膨脹，也同樣是穩定的

即使膨脹論成立，但認為宇宙仍處於恆定狀態的觀念仍然根深柢固。該理論認為，宇宙中原本就不斷在創造出新物質。這樣一來，宇宙的起源和年齡的問題就可以解決了，所以支持這個說法的人很多。

宇宙最初是一顆大火球嗎？

1940 年，伽莫夫（George Gamow）提出宇宙的膨脹是有原因的，他接著提出了宇宙是一個高溫火球的理論。這是一種從超高溫狀態中產生基本粒子的狀態，是一個非恆定狀態的模型。後來透過觀測宇宙背景輻射，證實了迦莫夫的理論。

〈星系後退的距離與速度的關係〉

遠離速度（公里 / 秒）

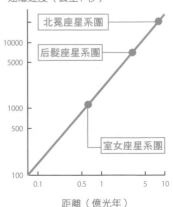

北冕座星系團

后髮座星系團

室女座星系團

10000
5000
1000
500
100

0.1　0.5　1　5　10

距離（億光年）

小知識 「大爆炸」其實也有「吹大牛」的意思，這是穩態理論學者們的諷刺。

怎麼證明宇宙大爆炸真的發生過呢？

（關於宇宙傳來的噪音的知識）

天空四面八方傳來均勻的噪音，
那就是大爆炸 138 億年後的痕跡。

一看就懂！3個重點

研究天線時殘留的噪音

1964 年，美國的物理學家阿諾·彭齊亞斯（Arno Penzias）和羅伯特·威爾遜（Robert W. Wilson）注意到他們在電波大文觀測中用的喇叭型天線，一直存在某種奇怪的噪音。他們以為是實驗設備的問題，卻找不出原因。最後判斷這些噪音是從天而降的無線電波（微波）信號。

什麼是宇宙微波背景輻射？

這股噪音來自四面八方、從天而降，經過檢測後，這股電波的方向分布的差異小於十萬分之一，在黑體輻射光譜中的溫度是 -273°C。這就是宇宙微波背景輻射。

138 億年前的電波！

宇宙背景輻射是來自 138 億光年以前的無線電波。這代表著大爆炸就大約發生在那個時間前後。更準確地說，這些電波是大爆炸後 38 萬年時發出的光，那時溫度降到了 3000°C 左右，光才得以傳播，然後波長經由宇宙的膨脹而延伸到各個角落。

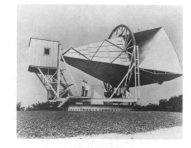

喇叭型天線

小知識　阿諾·彭齊亞斯和羅伯特·威爾遜因為這個發現而獲得了 1978 年的諾貝爾物理學獎。

宇宙暴脹論是什麼？

關於大爆炸之前的知識

宇宙暴脹論是用觀測的結果，來說明宇宙在大爆炸之前的狀態變化。

一看就懂！3 個重點

大爆炸太過均勻和平坦

大爆炸發生在宇宙誕生後大約 10^{-27} 秒。這是從宇宙微波背景輻射中獲得的證據，但問題在於，以熱膨脹來說，它的膨脹太過均勻，甚至沒有任何混亂，是非常奇怪的情形。

大爆炸時宇宙的大小

當時的宇宙大約只有幾百公尺大小。在大的空間範圍中，要發生完全均勻的大爆炸，很難想像會有這麼巧合的可能性。如果是發生在大的空間，膨脹的過程中造成結構各處分崩離析的情況比較自然。

從一個單點突然發生膨脹

暴脹理論中指出，在大爆炸的前一階段，空間從一個點迅速膨脹起來。假設空間本身的膨脹是從一個小點迅速發生，膨脹擴展的形態均勻而平坦就自然很多了。

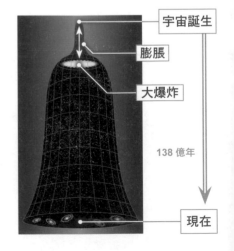

宇宙誕生

膨脹

大爆炸

138 億年

現在

小知識 這個理論在 1980 年由日本物理學家佐藤勝彥提出，半年後美國物理學家阿蘭·古斯（Alan H. Guth）也獨立發表。

怎麼證明宇宙發生過暴脹呢？

（關於宇宙現象如何驗證的知識）

宇宙微波背景輻射的振盪是發生過膨脹的證據所在。

一看就懂！ 3 個重點

宇宙微波背景輻射的緻密結構

1990 ~ 2009 年代的觀測實驗表明，宇宙背景輻射的分布非常平滑，在特別冷和特別熱的區域會觀測到輻射的擾動（斑點）。這代表恆星或星系在誕生時造成波動。

大爆炸的前驅現象

本應均勻的宇宙背景輻射不均勻，證明宇宙在大爆炸的火球狀態前（$10^{36} \sim 10^{34}$ 秒後）空間在短時間內劇烈膨脹，同時這也被認為是暴脹最後階段的擾動痕跡。

斑點的大小約為滿月的視直徑

擾動形成的斑點大小約為十萬分之一，比在我們抬頭看的天空上時約為 0.8°。這也跟目前推斷星系團分布的理論值相符。自此開始，關於宇宙起源的研究，從概念轉而成為一種精密科學。

〈WMPA 衛星測得的全天溫度分布〉

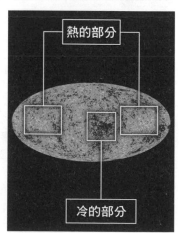

熱的部分

冷的部分

小知識 擾動的斑點非常小，如果放在滿月的面積上，只會標示出 0.5°角。

宇宙暴脹是怎麼開始的？

（關於高能點宇宙的知識）

宇宙從一個高能點誕生的現象，可以用水結成冰的變化來比擬和想像。

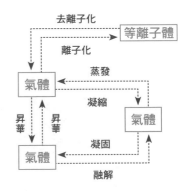

一看就懂！**3** 個重點

當水結成冰時

雖說一般都認知水在 0℃ 會結冰，但如果讓水在靜止狀態冷卻到 0℃ 以下，也不會輕易結冰，這叫做「過冷狀態」。這時只要出現一個小小的刺激，水就會在一瞬間凍結，也就是刺激成了凍結現象的開關。

空間相變

據信，宇宙也是空間在受到某種刺激後所誕生。同時間能量以熱能的方式傳播出來。這個現象的啟動按鍵，就是具有強大能量的空間本身存在的擾動。這個擾動是不可抹消的。

自發對稱破缺

什麼都沒有的純淨狀態稱為高對稱性。對稱性潰散時，宇宙就由此而生。這是一旦出現擾動就必定會發生的現象，在宇宙起源等問題中，擾動擔任著最重要的作用。

〈相變的例子〉

```
          去離子化
                    ┌─────────┐
                    │  等離子體 │
          離子化      └─────────┘
                      蒸發
        ┌────┐
        │ 氣體 │
        └────┘
                   凝縮
         昇華  昇華           ┌────┐
                            │ 氣體 │
                            └────┘
        ┌────┐    凝固
        │ 氣體 │
        └────┘
                   融解
```

所謂「相變」，指的是物態變化，
物質狀態的相互變化

小知識 南部陽一郎提出了用相變來表達起源問題的想法。

宇宙　「宇宙誕生的一瞬間」週
一 二 三 四 五 六 日

讀過了！

月　日

宇宙的外面變成什麼樣子了呢？

（關於宇宙外側的知識）

以擾動的觀點來看，會發生相變的點是複數。
因此，宇宙也不會只有一個。

一看就懂！3個重點

相變點是宇宙和另一個宇宙的連接點
由於擾動無法抹消，那麼能創造出宇宙的點應該有很多。以相變點為中介，連結起兩個宇宙也是有可能的，換句話說，很可能不是「只有一個宇宙」。這叫做「多重宇宙理論」。

因宇宙膨脹而導致的連結斷裂
中介點由於各個宇宙的成長而斷裂，分割出去的宇宙變成孤立漂移的「子宇宙」。接著，它可能會創建一個「孫宇宙」。按照這個邏輯，人們開始認為膨脹現象無處不在發生也是很自然的。

膜宇宙
還有一種理論，把這個問題擴展到更高的次元，我們的宇宙（包括三維空間和時間在內的4個次元）無非是一個漂浮在其中的「膜」（就整體來看是低次元）。這個概念，類似實際上是立體的東西，顯示在電視上時卻成了平面影像的情況（資訊的機制）。

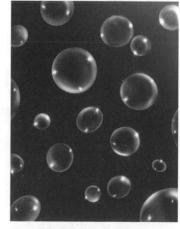

許多宇宙各自存在的場景

小知識　人們認為，在更高的次元裡，多餘的次元會被折疊得更小。

星星
宇宙
行星
地球
太陽
月球
星系
宇宙探索

人類是怎麼看待宇宙的呢？

（關於對宇宙看法的知識）

過去，人類一直認為宇宙是「大地無邊無際，時間無窮無盡」。

一看就懂！3 個重點

無限延伸的空間

直到 1900 年左右，普遍的想法仍然是「無邊無際的宇宙，已經存在了無窮久」。在這個觀念下，就完全不用煩惱宇宙的起源或年齡的問題了。

無限大的東西時間長了而產生的矛盾

因為「穩態理論」側重於宇宙中不斷產生新物質的概念時，排除了時間的影響。但這麼一來，整個天空應該都閃耀著星星才對。正因為這個矛盾，讓人們接受了宇宙膨脹的想法。

背景微波輻射證實了大爆炸理論

歷經背景微波輻射的被發現、檢證過後，納入了時間變化影響的大爆炸理論因而得到驗證。再進一步，解釋大爆炸前一階段的暴脹理論面世，最後擴展出多重宇宙理論的概念。

大爆炸的想像圖。
宇宙中的星系紛紛以光速遠去

小知識 在過去的 100 年裡，人們對宇宙「盡頭」的看法，發生了很大的變化。

為什麼我們能了解這麼多宇宙的事？

(關於宇宙假設的知識)

以前的人根據詳實的觀察和計算的結果來假想出宇宙的形態。

一看就懂！ 3 個重點

從和神話結合融合的宇宙觀到驗證假設的時代

在世界上第一個文明興起，也就是公元前 3000 年左右，當時的人們將宇宙與神話緊密聯繫，並為了農業和土木工程而發展出天體觀測、測量等技術以及曆法等等，歸納出肉眼可見的星星運動與神話相結合的宇宙觀。

想了解四季更迭，少不了天文觀測

澈底觀測太陽、月亮、夜空中的月亮和星星是怎樣隨季節循環，再把結果彙編成曆法。透過長時間穩紮穩打地反覆觀測，將結果和假設加以比對，不斷修正理論，我們才終於能夠更正確地了解宇宙。

數學和工程學的進步一步步解開宇宙的奧秘

數學的進步讓人類能夠建構出複雜的假設，工程學的進步讓人類得以進行更多實驗來驗證。從愛因斯坦預言的黑洞起，人類用了 100 年，才終於拍攝到它。

星星　宇宙　行星　地球　太陽　月球　星系　宇宙探索

NASA 都在研究宇宙的謎團嗎？

關於 NASA 的宇宙研究的知識

很多人覺得NASA是在運用宇宙資源，但其實NASA也研究各種宇宙之謎。

一看就懂！3個重點

為人類揭開許多未知之謎
NASA 全名美國國家航空暨太空總署（National Aeronautics and Space Administration），是美國太空發展計畫、太空發展工業和航空研究的中央機構。在前進宇宙方面特別權威。

負責設備開發和完善規則
開發能夠收集到宇宙探測時必要數據的太空載具或系統、和世界各地的天文學家交流合作、完善讓各國都能順利使用宇宙時不可或缺的國際法規等等，NASA 的研究項目和範圍相當多元。

尋找外星人是 NASA 的研究項目之一。
在搜尋地外文明計畫（SETI）中，NASA 已經使用電波望遠鏡尋找外星人 60 多年了。無人探測器先鋒號 10 號和 11 號以及 1977 年發射的航海家號都配備了刻印有地球訊息的金屬板。

探測到火星似乎存在過生物後，
NASA 正在進一步研究

星星

宇宙

行星

地球

太陽

月球

星系

宇宙探索

小知識 負責調查不明飛行物（UFO）的部門是美國國防部，不是 NASA。

火星移民計畫是什麼？

（關於火星移民計畫的知識）

擴大人類活動範圍的計畫之一是移民火星。

一看就懂！ 3 個重點

在與太陽的距離和環境都類似地球的行星

「Terraforming」（地球化）是把其他行星改造成類似地球的構想。它是為了未來地球出現問題，無法再讓人類繼續居住時，預先備妥一個避難所。火星由於引力、跟太陽之間的距離都和地球很相似，因此非常受到關注。

受到全世界注目的「火星一號」

荷蘭 NPO 在 2011 年公布的「火星一號」計畫，雖然內容是往火星的單程票，卻還是收到了大量的申請。由於該機構於 2019 年宣告破產，計畫宣告中止。

以世界上首次完成火星往返為目標

日本目前啟動了火星衛星探索計畫（MMX）。有了至今以來在宇宙開發上培養出來的深宇宙往返航行或登陸龍宮小行星等極小天體的種種經驗，相關團隊正在竭力精煉未來所需的航太技術。目前已經在建構從火星的火衛一上返回樣本的專案計畫了。

小知識 火星繞太陽公轉一周需 687 天，大約是地球公轉 2 圈的時間。

軌道電梯是什麼？

（關於軌道電梯的知識）

是一種以電梯連接地面和宇宙的新型運輸系統。

一看就懂！3 個重點

從同步衛星用重型電纜連接地面，成為一條路線
軌道電梯，也稱為太空電梯，是在赤道上方約 3 萬 6 千公里處建構地球同步衛星，再以重型纜線連接，讓電梯可以沿著纜線上下移動的宇宙運輸系統。

不使用火箭就能前進太空
考量同步軌道上的重力和離心力的平衡，向太空佈下纜線，建設一座總高度 9 萬 6 千公里巨塔的計畫，將在 2025 年正式動工。它也有望成為比火箭更安全、成本更低的衛星發射方式。

隨著奈米碳管的問世，帶來一線光明
奈米碳管兼具有金屬難以達到的輕盈和強度，隨著它的發明，軌道電梯從科幻小說變成了現實。新材料可以讓從前的不可能變為可能，是相當有趣的研究領域。

　小知識 一旦脫離地球的引力範圍，迎來的會是一個沒有「上下」之分的世界。

我們身邊的東西和宇宙有關嗎？

（關於宇宙開發運用的知識）

個人電腦和智慧型手機都運用了製作
太空載具時發展出來的精密技術。

一看就懂！ 3 個重點

日常生活中不自覺地使用了許多航太技術

許多我們隨手可得的便利用品，都使用了在太空開發中發展起來的技術。在汽車導航系統和智慧型手機中非常重要的 GPS，就是由多顆衛星的無線電波提供路線引導所需的位置資訊。

筆記型電腦是一種副產品

太空船內也有使用電腦的需求，於是就需要一台「把需要的一切都集中在一起的電腦」。據説為此而開發的攜帶型電腦，就是後來筆記型電腦的創意原型。

連散熱和大容量電池的技術也是！

在智慧型手機中，大量使用了隨著太空開發而進步的技術，像是大容量電池、CPU 散熱技術和抗震技術等等。我們可以隨身帶著智慧型手機出入，是因為人類已經具備了開發「能在宇宙中使用」的能力。

小知識　宇宙中需要的「體積小又輕盈、操作方便的相機」，也已經是現今智慧型手機的必備功能。

微中子是什麼？

（關於微中子的知識）

它是一種電中性的基本粒子，
在宇宙中數量最多，卻是「隱形的」。

一看就懂！ 3 個重點

1930 年就已經被預言的「幽靈粒子」
研究放射性元素的奧地利物理學家包立（Wolfgang Ernst Pauli），在他對原子核發出的 β 射線研究中提出了一個假設：「會不會有一種粒子，因為不帶電，所以像幽靈一樣在我們沒有察覺到的情況下產生出來？」

在命名 20 多年後，微中子才正式被發現
1933 年，義大利物理學家費米（Enrico Fermi），將這種未觀測到的幽靈粒子命名為「微中子」（Neutrino），它是 neutral（中性）和 ino（小）這兩個單字的組合。直到 1956 年，才首次成功觀測到源自核反應堆的微中子。觀測到來自太陽的微中子時，已經是 1970 年代。

由超級神岡探測器（スーパーカミオカンデ）發現
1998 年前後，觀測到微中子振盪後，證明了微中子確實具有極微小的質量。在此之前，微中子一直被認為質量為 0，這是刷新了基本粒子的標準理論的劃時代成果。

恩里科・費米

小知識 由於微中子是一種非常小且不易發生反應的粒子，所以需要用巨大的設備進行觀測。

我們透過微中子了解了什麼？

關於活用微中子的知識

透過微中子，人類或許能夠解開宇宙誕生和恆星的起源之謎。

一看就懂！3 個重點

雖然微中子在現階段派不上用場……
人類正處於試圖辨明微中子各種性質的階段。對於大量存在但不顯眼的微中子，目前也還在研究能夠更快觀測到它的方式。不確定這會耗上 10 年還是 20 年，但相信在未來微中子將會展現巨大的用處。

能夠穿過任何物質的穿透力特別引人注目
自太空飛來的超高能微中子，具有能夠穿越到地球正中心的特性。目前已有計畫運用它來調查地球的內部結構，這是一個使用地震以外方式來了解地球內部的機會。

把多信使天文學當成新的太空探索方法
這種集電磁波、重力波、可見光等多種傳輸方式於一體的宇宙觀測方法，被稱為「多信使天文學」。為此，先判明微中子擅長什麼，不擅長什麼，是很重要的第一步驟。

由美國的阿貢國家實驗室觀測到世界
首見的微中子
（1970 年 11 月 13 日）

小知識 將探測器沉入南極的冰川中進行探測的「冰立方計畫」，也在持續進行中。

星星
宇宙
行星
地球
太陽
月球
星系
宇宙探索

地球也叫水行星，地球真的有很多水嗎？

（關於地球特性的知識）

在已經確認有水存在的天體中，
地球仍然是一個特殊的存在。

一看就懂！ 3 個重點

地球並不是唯一有水的星球

經觀測已知，太陽系許多行星和衛星上都存在水。很早以前，人們早就知道木星的衛星以及火星上有大量的水。但是那些恆星比起地球，離太陽更遠，水幾乎都是以冰的狀態存在。

水行星是指擁有豐富液態水的行星

地球的特別之處在於它擁有豐富的液態水。海洋覆蓋了地球表面的 70%，如此多的水，變化成水汽、雲、雨、雪和冰等種種形態，造就了地球上豐富的大自然環境。

「水行星」是地球的代名詞

根據隼鳥 2 號的調查，已證明小行星「龍宮」以及木星的衛星等等，都存在液態水。視未來研究的進度，說不定也會有地球以外的恆星稱為水行星。

〈水行星　地球〉

液態水約佔地球表面 70%

小知識 比地球離太陽更近、呈高溫狀態的水星或金星上，也含有少量水蒸氣。

地球上的水是從哪裡來的？

（關於地球上的水的知識）

地球上豐富的水，是來自當出創造原始地球的小行星。

一看就懂！3個重點

地球剛誕生時是個灼熱的地獄
被稱為星了的微行星反覆互相碰撞，在大約 46 億年前形成了地球。當時的地球由於撞擊產生熱，地表溫度高達數千℃，放眼望去都是熔岩形成的岩漿海。

水就在小行星內部
小行星內部攜帶了大量冰形態的水。當它發生碰撞時，水蒸發成水蒸氣，與二氧化碳等物質一起覆蓋在地球表面，形成了原始的大氣層。當時地球上幾乎還不存在液態水。

遠古時的大量降雨和噴發的溫泉形成海洋
當地球慢慢冷卻，岩漿海的表層凝固，大氣層冷卻、水汽結成雲，形成雨水傾盆而下。其中一部分滲入地下，又以溫泉的形式再次噴出地表。大量的雨水和溫泉匯聚成了大海。

地球誕生時，是一片岩漿海洋

小知識 據研究，地球形成時的水量是今天的幾十倍。

星星 宇宙 行星 地球 太陽 月球 星系 宇宙探索

海水的成分是慢慢變成現在這樣的嗎？

(關於海水成分的知識)

海洋剛形成時是酸的，和今天很不相同。

一看就懂！ 3 個重點

太古時地球的海洋是鹽酸海
原始地球的大氣中含有氯化氫（溶入水後成為鹽酸）和二氧化硫（溶入水後成為亞硫酸），含有這些物質的雨水形成的海洋，自然呈酸性，說那是一片鹽酸海也不為過。

鹽酸海將岩石的成分溶解出來
長久的歲月以來，海水溶解出岩石中的鐵和鈣，逐漸從酸性變為中性。40 億年前，也就是生物出現在地球上的時期前後，海洋的成分就幾乎已經與今日相同。

海裡的鹽分是河水帶來的嗎？
有一種觀點認為，是河流將海鹽從陸地帶到了大海。但那樣的話，在海水反覆蒸發和河流循環中，鹽度應該會增加。然而，實際上，河流幾乎完全不受影響，鹽度保持不變。

〈海水中的鹽分〉

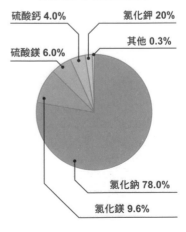

硫酸鈣 4.0%
氯化鉀 20%
其他 0.3%
硫酸鎂 6.0%
氯化鈉 78.0%
氯化鎂 9.6%

小知識 海水的濃度會因為地點而有所不同，但所含成分的比例幾乎相同。

冰河期的地球 是什麼樣子？

關於冰河期的知識

冰河期的地球氣候寒冷化，
是連大陸和高山上都凝結了大量冰的時期。

一看就懂！**3**個重點

目前是冰河時期內相對溫暖的間冰期

很多人可能會感到意外，在南極洲和格陵蘭島等地有很多冰的現在，其實就正處於冰河期。冰河期裡，像現在這樣天氣相對溫暖的時期，稱為間冰期，而溫度較低的時期稱為冰期。很多人會把「冰河期」當成冰期來使用，很容易產生誤導。

冰河期前氣候溫暖的地球

與冰河期相反的時期，沒有特別的名稱。在中生代（恐龍時代）時，地球的平均溫度比今天高出10°C以上。南極洲等極地的冰全部融化，海平面比今天高出幾十公尺。

雪球地球（全球冰封）

最近的研究顯示，在過去發生過的幾次冰河期中，大約有3次溫度特別低，包括赤道地區在內的整個地球都凍了。那幾個時期都造成了大量生物滅絕。

格陵蘭冰峽灣的大陸冰河

小知識 在大規模滅絕中倖存下來的生物，將建構出下一個時代的繁榮景象。

冰河期的冰川指的是什麼？

（關於冰河期的冰川的知識）

冰河期的冰川，是大量正在移動的冰，顧名思義，就是流動的冰形成的河。

一看就懂！**3**個重點

大量的冰緩緩移動

冰川是在極地等地方堆積的冰雪，在長年增加、壓縮，然後在自身重力的影響緩慢流動的一大堆冰。冰川的流速很慢，有些每年只移動幾公尺，在傾斜度大的地形也只會移動幾百～ 2000 公尺不等。

冰川的形成

在全年氣溫都比較低的地區，冬季積雪到了夏季也不溶化，舊雪年年堆積，最後會形成厚厚的積雪層。而壓在底下的冰在巨大的壓力下變形，如果有斜坡，它會慢慢向低處流動，這就是所謂的冰川。

大陸冰川和山岳冰川

大陸冰川是覆蓋整個大陸的冰川，也叫冰蓋，不大會移動。最大的冰蓋在南極洲。在山坡、山谷和山峰附近的窪地形成的山岳冰川，會在逐漸移動的過程中切削經過的大地。

一邊切削大地，一邊緩慢移動的山地冰川

小知識 在日本，諸如駒岳山的千疊敷冰斗和立山山脈一帶，也都能看到冰川地貌。

下一次的冰河期什麼時候來呢？

（關於冰河期周期的知識）

地球的寒冷化和暖化，會以約 10 萬年為一個周期循環。

一看就懂！ 3 個重點

寒冷的冰期和溫暖的間冰期交替出現

「下一個冰河期是什麼時候？」正確來說，這個問題是要問「下一個冰期是什麼時候？」上一個冰期結束於大約 1 萬 2 千年前，我們目前正處於相對溫暖的間冰期。冰期和間冰期以約 10 萬年為一個周期交替。

冰期和間冰期交替的原因

主要原因是地球與太陽的位置關係（距離以及地軸的傾斜度）發生了變化。 隨著我們離太陽愈來愈近，地軸傾斜度增加的話，夏季太陽輻射量增加，就會造成暖化。如果位置和狀態以相反方式變化，氣候就會變得更冷。

人類的活動推遲了冰河期的到來

目前正處於間冰期的地球，還在持續暖化中。雖然總有一天會開始寒冷化，但也有一種理論認為，受到人類的活動影響，寒冷化正在延遲。距離下一個冰期至少還有 1 萬年。

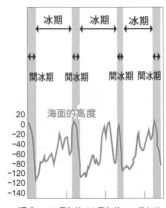

每 10 萬年重複一次的循環

小知識　火星也有冰河期，期間火星外觀會呈白色而不是紅色。

只有地球上存在生物嗎？

關於天體存在生命體的知識

目前除了地球之外，還沒有發現有生命存在的行星。

一看就懂！3個重點

地球上豐富多樣化的自然

從 8000 公尺以上的高山到 1 萬公尺以上的深海；從南極、北極等寒冷地區到熱帶；地球由地軸傾斜引起的季節變化，形成了各種各樣的自然環境，才造就了現在各種生物的興盛。

無可取代的地球

相對於有數百萬種生物的地球，現階段仍無法探測到其他天體上有存在生物。雖然透過詳細的研究後，在許多天體上發現了與生命誕生有關的物質，但相比起來，地球的稀有度顯而易見。

銀河系中有許多類地行星

最近的研究表明，在我們太陽系所屬的銀河系中，類地行星多達 100 億顆。但是，就像同為類地行星的金星和火星一樣，它們仍然很難滿足生物誕生和進化的條件。

存在生命的地球

小知識 飛出太陽系外的無人探測器上，都載有地球的介紹資訊。

星星　宇宙　行星　地球　太陽　月球　星系　宇宙探索

水星上很熱嗎？

（關於水星的知識）

白天430°C，夜間-180°C。
溫差竟然達到610°C！

一看就懂！3個重點

最靠近太陽的水星

在太陽系行星中，水星的運行軌道在最內側，離太陽最近。因此，我們很難看到水星。只有在傍晚或黎明時分，水星遠離太陽時才有機會看到。

陽光無時無刻不在照耀

水星自轉速度慢而公轉速度快，所以水星公轉一圈相當於176個地球日，一年有88個地球日。白天由於受陽光直射，氣溫高達430°C。

由於沒有大氣層，所以也沒有雲

水星和月球一樣，幾乎沒有大氣層，無法形成雲層。因此，白天的太陽不會受到雲層遮擋，水星在直射下變得很熱。到了晚上，又因為沒有能夠當成棉被的大氣層跟雲，一整年的夜晚溫度都會降到-180°C左右。

卡洛里斯盆地

信使號無人探測器
在2008年拍攝的水星

星星

宇宙

行星

地球

太陽

月球

星系

宇宙探索

小知識 水星上有一個叫做卡洛里斯盆地的大隕石坑，大小達到水星的1/3。

金星上的雲的組成成分是什麼？

（關於金星的知識）

金星覆蓋著一層厚厚的濃硫酸雲層。

一看就懂！**3** 個重點

滿滿的濃硫酸雲

金星的大氣層由二氧化碳組成，壓力約為 90 個大氣壓。金星地表上的黃鐵礦等物質與二氧化碳和水發生反應，在大氣中產生二氧化硫（亞硫酸氣體），逐漸形成厚厚的濃硫酸雲。

二氧化碳大氣層導致高溫

在金星上，受到大氣中形成的硫酸雲阻擋，陽光幾乎無法到達行星表面。因此，即使與太陽的距離很近，到達行星表面的熱能也比地球少。可是無論白天還是黑夜，金星表面的溫度都高達460℃，這就是大氣中二氧化碳的溫室效應。那裡實在太熱了，雲層雖然會降下硫酸雨，但也在到達地表之前就蒸發了。

厚厚的硫酸雲層終年籠罩

因為這些厚厚的硫酸雲一年四季都在，能夠穩定地反射陽光，於是金星看起來特別明亮。

金星地表的模樣

小知識 2020 年，太陽探測器用相機拍攝到覆蓋了厚厚雲層的金星表面。

整個木星都是由氣體組成的嗎？

關於木星的知識

木星是由氫和氦組成的，
但在中心部位有一個岩石核心。

一看就懂！3 個重點

木星是一顆氣態巨行星

木星直徑為 14 萬公里，由氫氣和氦氣構成。如果大氣層下降約 100 公里，大氣壓力會將氫氣變成液態氫，那一層的厚度大約有 2 萬公里。

氫在壓力下呈現金屬狀

再往下，壓力達到 300 萬個大氣壓，氫變成液態金屬。這一層有 4 萬公里厚，直達核心。那是一個壓力為 3600 萬個大氣壓、溫度為 2 萬℃的世界。

如果木星是氣體組成，那可以穿過去嗎？

2003 年，木星探測器伽利略號執行了一項任務，嘗試它能否穿過木星內部。而木星雖然是氣體，但愈靠近核心，壓力和溫度就會變得極高，甚至連氫氣都處於液態金屬狀態，所以穿不過去。

小知識 土星探測器卡西尼號也曾嘗試執行突破土星的任務，但失敗了。

木星的橫條紋是什麼形成的？

關於木星橫條紋花樣的知識

木星的條紋花樣是大氣層的圖案，
也就是雲形成的圖案。

一看就懂！3個重點

木星上有很多條紋

使用天文望遠鏡觀測木星時，可以在它的表面看到許多平行的棕色條紋圖案。這是因為木星的赤道附近吹西風。而愈遠離赤道，就變成西風和東風交替吹，還有氨氣雲等等，形成了木星外觀上的條紋花樣。

木星的風速為每秒 100 公尺

木星赤道附近的西風為每秒 100 公尺，這種風是由木星的快速自轉引起的。木星的大小是地球的 11 倍，但它每 10 小時就自轉一圈，因此赤道部分會往條紋圖案的方向略微隆起。

可容納兩個地球的颱風「大紅斑」

在木星表面，除了條紋圖案，還可以觀測到一個又大又圓的紅色斑點。這叫做大紅斑，有 2 個地球並排起來那麼大。在大紅斑中可以看到逆時針旋轉的上升氣流，就像颱風一樣。

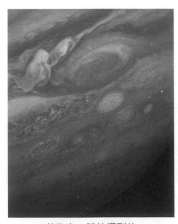

航海家 1 號拍攝到的
木星大紅斑以及周邊環境

小知識 1994 年，舒梅克－李維九號彗星被觀測到過去與木星相撞的痕跡。

為什麼天王星和海王星是藍色的？

關於天王星和海王星的顏色的知識

天王星和海王星的藍色是由甲烷造成的。

一看就懂！3 個重點

甲烷吸收了紅色而呈藍色

天王星和海王星的大氣層中含有許多甲烷。甲烷具有吸收紅光的特性。水也具有相同的特性，只要有足夠多的水，它看起來就會是藍色的。同樣地，甲烷也會留下未被吸收的藍光。這就是為什麼星星看起來是藍色的原因。

天王星或海王星都離地球很遠

和地球相比，天王星和海王星離太陽的距離分別是 20 倍和 30 倍。因此，它們從太陽獲得的能量非常稀少，這讓天王星和海王星的表面溫度低於 -200°C，寒冷到人們稱呼它們為「寒冰行星」。

沒有氨雲

木星和土星也有甲烷，但它們不會呈現藍色，是因為它們有形成條紋圖案的氨雲和其他物質。但在天王星和海王星上，氨被凍結了，所以大氣層中幾乎沒有氨雲。

海王星的大暗斑

小知識 海王星有一個類似地球上的臭氧層破洞那樣的大暗斑。

星星

宇宙

行星

地球

太陽

月球

星系

宇宙探索

海王星上真的有海嗎？

(關於海王星的海的知識)

雖然名字叫做海王星，但海王星上並沒有液態的海洋。

一看就懂！ **3** 個重點

海王星是一顆冰行星

海王星在望遠鏡和探測器的照片中，呈深藍色，但這種顏色不是因為液態水。一般認為，行星在形成時原本存在的水，最後也因為行星的核心溫度很低，全都凝成冰態了。

讓人聯想到大海的深藍色

海王星呈現出來的深藍色，是由於覆蓋在表面的氣體中含有大量甲烷。甲烷氣體會吸收掉紅光，使外觀看起來呈現藍色。

為什麼海王星的名字會用「海」字？

「海王星」是以羅馬神話中的海神涅普頓來命名。因為當初用望遠鏡發現海王星時，它看起來是藍色的，所以為它取了海神的名字。涅普頓在翻譯時，因為神是統治者，所以加上了「王」字，就成了海王星。

海神的雕像

小知識 海王星每 164 年 9 個月繞太陽公轉一圈。

金星和地球的自轉方向相反嗎？

關於金星自轉的知識

金星的自轉方向確實和地球的自轉方向相反。
但它轉得非常非常慢。

一看就懂！ 3 個重點

太陽從西邊升起，在東邊落下

在金星上，就很可能發生和地球上完全相反的事。 從北極上空看，地球逆時針旋轉，會看到太陽從東向西移動。金星是順時針旋轉，所以金星上的太陽看起來會由西向東移動。不過因為金星有厚重的雲層，幾乎看不到太陽。

金星的自轉是如何反轉的？

有一種理論認為，行星是由岩石（微行星）相互碰撞形成的，所以有分跟地球同方向自轉的行星，以及跟金星同方向自轉的行星。另一種說法是，像金星那麼厚的大氣層，在靠近太陽時，大氣層會被太陽的引力一點點一點點地拖住，長久下來就造成金星往反方向旋轉。但目前這種理論還無法證實。

金星的自轉非常緩慢

金星的自轉速度非常慢，以地球時間計算需要243 天。而公轉軌道運行一圈需要 225 天，所以金星上的一年比一天還要早結束。

〈行星的自轉方向〉

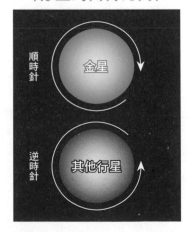

順時針　金星

逆時針　其他行星

小知識 日本的探測器「破曉號」目前正在金星一帶活動。

極光是什麼？

（關於極光的知識）

極光是在夜空中出現一片片紅、綠、粉紅、藍色的光，看起來像有皺褶的窗簾。

一看就懂！ 3 個重點

極光是宇宙現象，不是天氣現象

極光是出現在天空中的一種色彩斑斕的現象，但和發生在幾百公尺高空的天氣現象的彩虹不一樣。 極光的位置比彩虹要高 1000 倍，是由來自太陽的粒子群引起。

外貌

極光大多出現在午夜前後兩個小時，短則 20 秒，長則數小時。極光分為清晰型和模糊型，而且除了像簾子一樣的形狀，也有整個天空閃爍發光的情況。

高緯度地區可見

極光以北極和南極（磁層的 S 和 N 極）為中心，出現在高緯度地區。由於這些都是極度嚴寒的地方，能讓大眾安全觀測極光的區域十分有限。

　小知識　觀測極光時的天氣條件也很重要，如果離地面較低的地方有雲層的話，就看不到極光了。

為什麼會形成極光？

（關於極光形成的知識）

來自太陽的粒子群（太陽風）與高空空氣中的原子和分子發生碰撞，發出光芒。

一看就懂！3 個重點

來自太陽的是一群帶有磁場的粒子

我們常認為物質狀態就是氣體、液體和固體，但其實宇宙中最常見的狀態是等離子體。來自太陽的太陽風是等離子體（電漿體），它由電了、質子（電解氫原子）等組成（另請參閱第 168 頁）。

太陽風不會直接到達地球

太陽風等受到激發後產生的帶電粒子，聚集在數萬公尺的高空形成帶電等離子片，並不斷累積成長。由於堵塞淤積，壓力持續增加。覆蓋在地球外的帶電等離子層的碎片落入大氣層，導致大氣中的原子和分子發光。

地球磁場的影響作用

地球周圍包覆著地磁場，因此帶電的等離子片會在地磁的軸心附近循圓形磁線環繞。但失去平衡時，它會掉落到 400 公里以下的高度與地球大氣相撞。

太陽風從這裡進入，變成極光

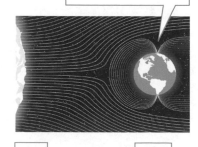

太陽　　地球

小知識 等離子片中的電場強度和它在外太空時相比會增加 1000～10000 倍。

極光是由什麼形成的？

關於是什麼在發光的知識

粒子群到達空氣層，和氧原子或氮分子碰撞而發出光芒。

一看就懂！3個重點

地球上有些地方可以讓等離子片進入

如果粒子群來自北極或南極方向，會因為行進方向與磁場方向相同，繞圓循環的力量會較弱。結果造成它們和磁力線纏繞在一起，進到更靠近地球表面的地方。

對氧原子、氮分子的強大刺激

電子和質子是在離地面 100～400 公里的地方與氧原子和氮分子發生碰撞而發光。在這裡，氧原子會被來自太陽的紫外線分離成原子。另一方面，氮仍然保持分子狀態。

電漿螢幕型電子佈告欄

這種發光現象是由原子和分子一個接一個地發生。就像是天空中掛了一個電漿螢幕，閃爍的光芒就是構成畫面的像素點。極光的運動可以說是自然界形成的電漿畫面。

〈極光的構成〉

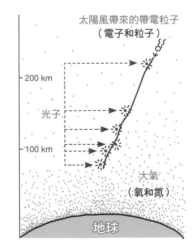

太陽風帶來的帶電粒子
（電子和粒子）

- 200 km

光子

- 100 km

大氣
（氧和氮）

地球

小知識 氧原子因為分子只有一半，而且很輕，是極光較高層部分的主要成分。

為什麼極光會變幻不同的顏色？

（關於極光顏色不同的知識）

氧原子會發出紅色和綠色，
氮分子則會呈現藍色或粉紅色。

一看就懂！ 3 個重點

原子內部的機制

在原子中，電子循圓形軌道繞圈。但是這個半徑是有限制的，通常情況下半徑較小，會處於穩定，但當它受到等離子體刺激時，就會轉變為半徑較大的高能量狀態。

發光是一種耗散能量的方法

如果旁邊有很多自己的同類，它們可以相互碰撞來釋放能量，恢復原來的狀態。但如果空氣稀薄，同類的數量不夠，高能量狀態就會持續很久，用發光的方式消耗掉能量以回到原始狀態。

位置高度決定了顏色的不同

氧原子需要很長時間才能發出紅色，它們只在附近沒有同類原子的較高海拔處發光。另一方面，由於產生綠色的時間短，所以即使在稍低的地點也能發光。

〈發出的顏色因海拔高度而異〉

紅色	高
綠色	
藍色	低

高度

 小知識 氮能保持分子態，會在更低的地方受到刺激時發光。

285

哪裡才能看見極光呢？

（關於能夠看見極光的地點的知識）

最佳觀測點是以北極和南極為中心的甜甜圈區域。大約北緯 60 ～ 70 度左右。

一看就懂！ **3** 個重點

能看到極光的地方有限
能夠安全觀測極光的地點，有加拿大耶洛奈夫（Yellowknife）和阿拉斯加費爾班克斯（Fairbanks）。這兩者都是極其寒冷的地方，雖然也受到北歐來的暖流影響，但晴天的機率不高。紐西蘭南部地區也是能夠觀測到極光的候選地點。

有多大的機率能看到極光呢？
市面上有專門追尋極光的觀光旅行團，一般住 3 ～ 4 晚就可以看到一次極光。但說是「看到極光」，也有分小到像飛機雲的極光，或極光佈滿整個天空劇烈湧動的場面。

想記錄極光的話，拍照錄影最方便
一般對極光的印象，大多是照片明亮而閃爍的模樣，但實際上用肉眼看到它時，通常會覺得極光比想像中暗淡，頂多跟滿月一樣。它在人眼中看起來是泛白的綠色，用相機能夠捕捉到更多的顏色。另外，一定要準備相機腳架才行。

在北極圈周邊甜甜圈形的區域可以看到極光

 小知識 據調查發現，在觀測現場的每個人所看到的極光都不太一樣，因為每個人的眼睛對黑暗和色彩的辨識力有很大的差別。

星星　宇宙　行星　地球　太陽　月球　星系　宇宙探索

日本能看見極光嗎？

關於在日本能看見的極光的知識

在太陽黑子活躍的時期，有時在北海道也會出現極光。

一看就懂！**3**個重點

天空中開闊的部分變成了紅色

這被稱為低緯度型極光，也就是天邊發出紅光的現象。因為當地離北極較近，能遠遠地看到極光的上層部分。就像從平地上看，只能看到遠處高山的山頂一樣。

在《日本書紀》中也有極光的記載

即使在日本本州，大約每隔幾十年也有機會看到一次極光。在《日本書紀》（是日本流傳至今最早的正史）有相關記錄，620 年 12 月 30 日的內容中，推古天皇寫道：「天際泛有赤氣。長約一丈有餘，似雉雞尾羽。」

也有在京都現身的例子

1770 年 9 月 17 日的極光目擊例子非常有名。在經典著作《星海會》中有一幅插畫，描繪了紅色條紋狀的極光從一座山上放射出來的畫面。根據相關的內容寫到「莫不是北方若狹國發生了火災罷」的描述，推測是從京都看到了極光。

小知識 藤原定家的《明月記》中提到的 1204 年 2 月出現的「赤氣」也很有名。

在太空中看到的極光是什麼樣子的呢？

（關於從太空鳥瞰地球的知識）

在不同的高度，看到的極光模樣也會不同。

一看就懂！ 3 個重點

從幾萬公里高空的人造衛星看到的極光

往夜晚的地球表面看，極光像以地磁方向為軸心的漂亮甜甜圈形，完整度可比教科書等級。和待在地球表面上看到的、從天而降的湧動感又不一樣。

從國際太空站看到的極光

由於極光的發生高度上限為海拔 400 公里，從國際太空站上看的話，廣闊的地球表面會成為極光的背景。它像是一塊飄在地球表面的薄紗。但實際上，地面城市的人造燈光比極光要刺眼多了。

極光觀測的意義

由於太陽風造成的無線電干擾等等，會妨礙衛星正常發揮功能。這也是 GPS 系統維護管理中的一個重要議題。因此，用衛星觀測（監測）極光，具有非常實際面的用意。

從國際太空站看到的極光

小知識 在木星和土星上，觀測到了因為氫原子逸出到紫外線照射區而形成的極光。

我們能夠建造月球基地嗎？

（關於月球基地的知識）

目前計畫在 2030 年代開始建設，
準備工作正在進行中。

一看就懂！ 3 個重點

NASA 的阿提米絲計畫，日本也參與在內

雖然要在沒有自然資源的月球上建立基地非常困難，但以美國的 NASA 為中心，加上參與國際太空站的國家做為後盾，許多國家都參與了國際級的「阿提米絲計畫」（Artemis Program）。目前計畫在 2028 年之前開始動工建造月球基地。

中國計畫與俄羅斯共同建造

除了 NASA 的計畫以外，中國和俄羅斯也正準備聯手籌建月球基地。他們宣布了將在 2030 年開始動工的建造計畫。

許多企業支持贊助在月球建設基地

現在的計畫方向是以新建的太空站為中繼站，採用以機器人為主的無人建設工程，再加上少數人類進行月面作業，保持長期有人類駐守的順序推進。許多公司正在參與研發可以使用月球的沙子建造的建築物、精確測量位置的機器，以及月面的交通載具和機器人等等。衣食住行都將與月球基地息息相關。

星星
宇宙
行星
地球
太陽
月球
星系
宇宙探索

小知識 建造月球基地也是為載人探測火星的計畫做準備。

人類第一次登陸月球是在什麼時候？

（關於第一次登陸月球的知識）

1969 年 7 月 20 日，美國阿波羅 11 號太空船在人類歷史上首次成功登陸月球。

一看就懂！ 3 個重點

經久流傳的名言

「這是一個人的一小步，卻是人類的一大步。」留下這句經典名言的人，就是美國阿波羅 11 號任務中，完成了人類歷史上首次成功登陸月球，並在月球上行走的阿姆斯壯船長。

總統的演說，推動了計畫的實行

1961 年 4 月 12 日，成功完成了歷史上第一次載人繞地球飛行的，是和美國正處於冷戰時期的前蘇聯。美國晚了 1 個月才達成這個目標，當時的美國總統甘迺迪發表演說，宣告：「我們將在 1960 年代末將人送上月球。」

從月球直播是現今最遠的直播距離記錄

阿波羅 11 號發射和登月的過程，都在電視上現場轉播。現代的太空人也會從距地面約 400 公里的國際太空站出現在電視上。但月球距離地球約 38 萬公里，比國際太空站遠了 950 倍，這項記錄至今仍未被打破。

小知識 前蘇聯（俄羅斯等國組成）的加加林，因「地球是藍色的」這句話而在日本聞名。

探測的重點是怎麼決定的呢？

（關於太空探測的知識）

行動會從觀察開始，在確保安全的情況下，根據任務來確定探測重點。

一看就懂！3個重點

收集資訊，讓「了解的地方」愈來愈大

首先，從地球用天文望遠鏡、無線電波觀測。接下來，靠近月球附近仔細觀察月球表面狀態。一步步地靠近，逐步做更詳細的調查。不論調查的目標是月球、地球上的深海還是洞穴，都是依照這種順序進行安全探測。

第一次登陸選在寧靜海，花了兩年時間才完成

阿波羅11號最大的任務是「成功登陸月球並安全返回地球」。從地球上進行的觀測結果中列出30個登陸候選地點，再從中選擇最安全的地方。無人月球探測器——月球軌道太空船和測量員系列探測器在阿波羅計畫中派上了很大用場。

2款無人月球探測器大為活躍

說到月球表面的狀態，在諸如表面岩石和凹陷的情況、平坦部分的面積等等地表的資訊之外，還需要表面溫度和溫度特徵、宇宙射線和磁力的強度等許許多多的其他資訊。這兩款類型的探測器，分頭進行了收集數據的任務。

星星
宇宙
行星
地球
太陽
月球
星系
宇宙探索

小知識 人類也是在這個時候才第一次了解到月球的背面。

人類到月球去做了些什麼呢？

（關於月面登陸任務的知識）

登陸月球驗證了當時的科技能力，也在月面安裝了觀測設備、採集了樣本，還做了電視直播。

一看就懂！ 3 個重點

證明人類擁有登上月球並安全返回地球的科技力量

阿波羅計畫最大的目的，是盡可能地向大眾宣傳「美國擁有安全往返月球的技術和知識」。在科學目的之外，它為美國國民和其他許多國家的民眾帶來了夢想和希望，也凸顯出高超的科技能力。

「復歸反射器」現在也還在活躍

1969 年安裝的「復歸反射器」，是為了測量月球和地球距離的反射鏡。有了它，人類就能精確地觀測距離，也是從這裡才發現到月球以每年 3.8 公分的速度離開地球。此外，它也驗證了愛因斯坦的重力理論。

2 個半小時內完成的任務多得不得了

太空人得架起刻有信息的金屬板、裝設地震儀、太陽風測量設備和復歸反射器，還要嘗試在月球表面怎麼走路、拍攝紀念照片，這個過程還在電視上直播。不只這些，這時還利用探測器從月球上採集了約 22 公斤的岩石，任務排得非常滿。

進行眾多任務中的「太陽風成分測量實驗」時現場的情形

小知識 月球上的沙子極端細小，導致有太空人罹患上「月塵過敏」。

從月球看到的地球是什麼樣子？

（關於從太空看地球的知識）

從月球上眺望的地球缺了一角，但它是靜止不動的。

一看就懂！ 3 個重點

不升起也不沉落

因為月球繞地球公轉的周期與月球的自轉周期完全相同，導致月球始終保持同一面朝向地球，這是一種稱為「潮汐鎖定」的現象。改為從月球上看地球時，地球也像是在天空中的固定位置上保持靜止一樣。

照片導致的浪漫誤會

1968 年從阿波羅 8 號太空船內部拍攝了一張令人印象深刻的照片，畫面下方是月球表面，遠處的漆黑天空中是碧藍的地球形成的「地出」（日出的地球版）。在地球上，日出和日落是很自然的事情，所以許多人會以為在月球上也能看到地出、地落。

在天際靜靜地變化圓缺的地球

從月球上看到的地球，就像地球上看到月球時一樣，都會以相同的方式反射太陽光。由於月亮和太陽的位置關係，地球也會像我們熟悉的月亮一樣呈現月牙形或完美的圓形等等，形成視覺上的圓缺。而圍繞在月球周圍的太空船，才能看到「地出」的景象。

從月球看到的地球

小知識 在地球的黑暗夜晚，還可以看到城市的點點燈光。

星星
宇宙
行星
地球
太陽
月球
星系
宇宙探索

月球探測讓我們知道了哪些事？

關於月球與地球關係的知識

透過對月球的詳細觀察，說不定就能更了解早期的地球狀態。

一看就懂！3個重點

月球是地球的時間膠囊

月球和地球在同個時期形成、並由相同材料構成的理論，目前最受到認同。月球的引力大約是地球的 1/6，所以沒辦法把大氣和水留在表面，所以月球上不存在風化作用。加上沒有生命、火山活動，是用來了解古代地球的重要線索。

地球的變化很顯著

在更了解地球剛形成時的狀態後，我們就能夠進一步得知解太陽系是怎麼演化的、星星是如何誕生的。在地球表面上，水、大氣層和大陸板塊都在不斷運動，可是月球卻在大約 20 億年前就停止一切活動了。

與地球對比就能得知許多事

在沒有大氣層的月球上，即使是小隕石也會直接撞擊月球表面。分析月球得到的數據，可以用來預測宇宙輻射、太陽風等等發生在外太空的現象，對地球會造成什麼樣的影響。

阿波羅 16 號在隕石坑附近的月面
高原上採集到的鈣長石

小知識 隕石撞擊月球時發出的光也是很重要的觀測對象。

「輝夜姬號」做了哪些事呢？

關於繞月人造衛星「輝夜姬號」的知識

收集了和月球起源相關以及開發運用方面的數據，並用實演方式進行了軌道姿態控制的實驗。

一看就懂！ 3 個重點

使用高畫質相機拍攝大量照片和影片

歷史上首次使用高畫質攝影記錄了月球表面狀態以及從月球軌道看到的地球面貌。從高畫質圖像中，人們能夠看到更多月球表面的細節，而且這些檔案和數據都公開在網路上。

兩顆人造子衛星「翁」和「嫗」

「輝夜姬號」和它的中繼衛星「翁」（おきな,Okina）以及無線電觀測 VRAD 衛星「嫗」（おうな,Ouna）一起，採取 3 機共同運行。進行無線電波的中繼和測量工作，任務結束後，依照計畫讓它們墜落在月球上。「輝夜姬號」也觀測到了墜落撞擊時發出的閃光。

「翁」負責的工作

在地球和「輝夜姬號」通訊時，需要中繼衛星來確保在月球背面等等無線電波無法到達的地方也不會通訊中斷。未來要在月球上進行開發時，不管在哪裡都需要能接收到來自地球的訊號，因此是一項重要的技術。

透過「輝夜姬號」取得的月球地形圖
©日本國立天文台／千葉工業大學／JAXA

小知識 「翁」還負責測量月球引力。

星星
宇宙
行星
地球
太陽
月球
星系
宇宙探索

磁鐵做的指北針為什麼會指向北方？

（關於指北針的知識）

地球就像一塊磁鐵，指北針也是一塊磁鐵，所以它會永遠指向同一個方向。

一看就懂！ 3 個重點

因為磁鐵的 N 極指向北方，所以叫指北針

古代的人就已經知道，用天然磁鐵摩擦鐵絲，鐵絲就會變成磁鐵。當磁鐵鐵絲被掛起來或者漂在水裡的時候，它會轉朝往一定的方向，於是可以用來判斷出南北方向。而磁鐵朝北的一面定為 N 極。

地球的北極，是磁鐵的 S 極

表示北方方向的 N 表示 North，表示南方方向的 S 表示 South。磁鐵的 N 極是指向北方，所以稱為 N 極，但磁鐵的 N 極和地球的北極相互吸引，表示地球的北方的磁場對磁鐵來説是 S（南）極。

古人所認為的地球的北方

過去的人們並不像現代人，知道地球是一塊巨大的磁鐵。他們一直認為，磁鐵之所以指向北方，是因為「北極星會吸引磁鐵」，又或者是因為「在北邊的某個地方有一個成分全是磁鐵的小島」。直到吉爾伯特（William Gilbert）的發現，人們才知道磁鐵的真相。

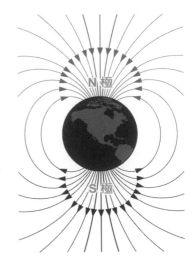

小知識 天然磁鐵是由名為磁鐵礦和磁赤鐵礦的礦物所製成。

地球的磁場之謎是怎麼解開的？

（關於地球是一塊大磁鐵的知識）

吉爾伯特用一個球形的天然磁鐵證明了「地球是一塊巨大的磁鐵」。

一看就懂！ **3** 個重點

在北半球，指北針的 N 極會微微向下傾斜
如果是北極星在吸引磁鐵的 N 極，指北針的 N 極應該會朝向天空才對。但在倫敦進行的實驗裡，指北針受引力影響，N 極朝北且微微向下傾斜。這和北方某處有個磁鐵小島的理論也不符合。

在北極，羅盤的北極幾乎筆直向下
吉爾伯特（William Gilbert, 1544~1603）是英國醫生和物理學家，他對水手諾曼所寫的書中提到的──「隨著位置不同，指北針的 N 極與水平面之間的角度（傾角）會有差異」極感興趣。指北針在赤道附近呈現水平，而它在北極幾乎筆直向下。

用天然磁鐵做了一個「迷你地球」來做實驗
吉爾伯特認為「地球是一塊巨大的磁鐵」。他把磁鐵切割成球體來進行研究。當指北針被帶到各處實驗時，指北針就像水手們所說的那樣傾斜。由於他的種種研究發現，後世稱他為「磁學之父」。

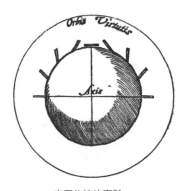

吉爾伯特的實驗。
在球型的天然磁鐵上，指北針在北極時垂直朝下，在赤道就呈水平

小知識 吉爾伯特的實驗研究彙編成六卷，出版為《論磁石》（1600）。

星星　宇宙　行星　地球　太陽　月球　星系　宇宙探索

據說北極和北磁極有一點點錯開，是真的嗎？

關於北極和北磁極的知識

指南針的 N 極指向稍微偏離正北的方向，偏移的程度會因為所在位置而不同。

一看就懂！ 3 個重點

北極和地球 S 極所在的北磁極，有一點點錯開

磁鐵指示的方向與實際方位的角度偏差叫做「磁偏角」。也就是說，偏角是在水平面上偏離北方的角度，再偏東邊一點才對，例如，在東京是 -7°，也就是在東京時，指北針會指向真正的北方偏西 7° 的方向。

磁偏角校正

由於存在磁偏角，因此指北針的結果還必須要經過校正才行。在東京，正北方向是在磁針 N 極指向的方向以東 7°。

地球的磁極正在緩慢移動

事實上，在大約 350 年前的東京，指北針會指向另一邊的東邊達 8°，也就是磁偏角是 +8°，這是因為地球的磁極正在緩慢移動。大約在 200 年前的江戶時代的伊能忠敬在製作地圖時，磁偏角剛好由東向西變化，幾乎接近於 0，所以沒有受到影響。

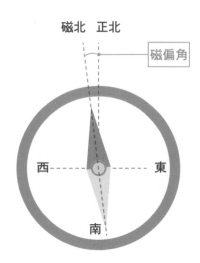

磁北　正北

磁偏角

西　東

南

おまけ 想知道正確的方向，可以把陀螺儀和指南針搭配著使用。

地球的 S、N 極是會交替的嗎？

（關於磁極逆轉的知識）

至今以來，指北針的 N 極曾經有很多次指向南磁極，磁場變為 0。

一看就懂！3 個重點

磁鐵在溫度升高時會失去磁性
隨著磁鐵溫度的升高，它會在一定溫度（居禮點，鐵為 770℃）時失去磁性。來自地下的液態岩漿雖然本身不具磁性，但當它冷卻到居禮點以下並變成岩石時，會在地球磁場的方向上被磁化。

日本人的重大發現：「磁極倒轉」
日本的地球物理學家松山基範，1926 年在兵庫縣的玄武洞調查岩石磁性時，發現該地的岩石磁化和正常磁化的結果相反。他研究了日本國內外 36 個地點後，於 1929 年首先向世界發表了地磁倒轉學說。

磁極以前就倒轉過很多次！
之後，學界追溯數億年的歷史，深掘地磁倒轉的線索，才發現地磁曾經多次重複倒轉。地球的整體地磁場會逐漸減弱，達到 0 後，相反方向的地磁則會逐漸增強。

地球物理學家松山基範

おまけ 地球磁場正在逐漸地減弱，2000 年後地球磁場會消失也說不定。

星星 宇宙 行星 地球 太陽 月球 星系 宇宙探索

有一個地質年代叫「千葉時代」嗎？

（關於千葉時代的知識）

史上第一次、也是日本第一次以千葉命名的地質年代，叫做「千葉時代」。

一看就懂！3 個重點

顯示 46 億年地球歷史的地質時間年表

如果根據從地質地層的化石中蒐集到的資訊，以生物的滅絕和環境的變化來劃分地球歷史的話，總共可以分為 117 個紀元，稱為地質年代。目前仍未命名的只有大約 10 個年代。其中之一叫做更新世中期。

地磁場的最後一次反轉

在地球上，不時會發生「地磁倒轉」，也就是指北針的 N 極，指往北方的相反邊。上一次大約是在 77 萬年前。現在北極一帶在那時是 S 極。從那時開始到大約 13 萬年前的期間，還沒有命名，稱為更新世中期。

位在市原崖邊的千葉地質

之所以確定更新世中期為千葉期，是因為厚度約 5 公尺、明確顯示是更新世中期的地質層，就位在日本千葉縣市原市。以崖頂不到 1 公分厚的白尾火山灰層為界線，下為卡拉布里亞時代地質，上為千葉時代地質。

千葉縣

千葉市

市原市

顯示了地磁倒轉的地層

小知識　白尾火山灰層上方 1.1 公尺處，是最後一次地磁倒轉的邊界──松山─布朗逆轉的界線。

板塊漂移論真的又興起了嗎？

關於板塊漂移論復活的知識

韋格納提出的板塊漂移論，由於對磁極移動的研究結果而復興。

一看就懂！3個重點

韋格納的板塊漂移理論

韋格納（Alfred Wegner）認為，南北美洲和歐洲、非洲的大陸海岸線凹凸處能夠互相吻合，而各個大陸間的古生代末至中生代初期的植物、陸地生物化石都是共通的，由此他提出了所有大陸板塊原本是聚合的巨大板塊（盤古大陸）的學説。

如何重新考慮板塊漂移理論

曾經有一個巨大的大陸分裂並遷移成如今模樣的理論遭到了地質學家的強烈反對和屏棄。然而，1950 年代，開發了高精度磁力計，對岩石磁化狀態詳細調查的結果，重新引發了板塊漂移理論的討論。

「板塊漂移論」復活

把世界各地岩石中的殘存的磁性數據，以及用放射性定年法測出的年份數據，都標示在地圖上。這麼一來會發現，指出「北」的岩石的地質年代愈老，就離北極愈遠，顯示了磁化岩石所在的大陸，在磁極移動時也跟著移動了。

韋格納

小知識　韋格納的板塊漂移學説後來發展為更完整的「板塊構造學説」。

為什麼地球會有磁性呢？

關於地球是一部大型發電機的知識

目前主流的理論認為地球本身充當發電機來產生電流，讓自己變成一塊電磁鐵。

一看就懂！ 3 個重點

地球的內核是固體，外核是液體，且兩者的主要成分都是鐵
以前曾有人認為地球的中心（地核）有一塊永磁體。 然而，鐵的居禮點（參照第 299 頁）為 770°C，但地核的溫度至少有 3000°C，因此地核應該無法成為永磁體。

電流會產生磁場
如果將線圈繞在鐵芯上，讓電流通過線圈，它就會變成一塊電磁鐵。當電流通過鐵芯周圍的線圈時，會產生磁場，鐵芯就會被磁場磁化。

主流的地球發電機理論
認為地球內部構成發電機系統的地球發電機理論，是目前廣受認同的學說。一般的發電廠是透過在磁場中旋轉線圈來發電，但在地球內部，是由外核中液態鐵的緩慢流動來充當旋轉的線圈（據信是由於熱對流或自轉所引起），產生的電流流經內核周圍，形成電磁鐵。

地球
地殼
地函
外核（主要為液態鐵）
內核（主要為固態鐵）

經由外核的液態金屬的流動而使地球成為一塊磁鐵的地球發電機理論。

小知識 地球發電機理論可以解釋磁力的運動和反轉，但詳細的機制依然成謎。

隕石是什麼？

（關於來自宇宙的石頭的知識）

隕石指的就是從外太空飛來的岩石。

一看就懂！ 3 個重點

隕石來自外太空

外太空裡有地球之類的行星，但除了行星這種大型天體之外，還有許多像岩石碎塊一樣的小天體。有的會因為行星或衛星的引力而墜落，到達地面的就是所謂的隕石。

隕石因為擠開空氣而發出光芒

往地球墜落時，由於速度極度快，隕石會擠開前面的空氣使空氣變熱。熱量會導致隕石和空氣原子變成等離子體而發出光芒。較小的隕石在過程中會融化蒸發掉，但較大的隕石就有可能會到達地面。

世界上最古老的隕石目擊記錄

日本流傳了一份記錄，記載了公元 861 年 5 月有隕石墜落在現在的福岡縣直方市。當地的須賀神社還保存著當時的隕石，這是公認世界上有目擊記錄的最古老的隕石。

阿顏德隕石

星星
宇宙
行星
地球
太陽
月球
星系
宇宙探索

隕石是由什麼組成的？

（關於隕石成分的知識）

主要是由叫做球粒隕石的特有岩石組成。
也有些隕石主要由鐵組成。

一看就懂！3個重點

大多數隕石都是球粒隕石

大多數墜落到地球的隕石，都是被稱為球粒隕石的隕石。球粒隕石含有許多隕石球粒。不是球粒隕石的隕石稱為 E 型球粒隕石，含有大量鐵的隕石稱為鐵隕石。

隕石球粒如何產生？

隕石球粒是只存在於隕石中的一種成分，是以氧化矽為主要成分的球狀物質。據研究，它是在太陽系形成時，在原始太陽系星雲的巨大漩渦中被加熱熔化的岩石，冷卻後才形成了這種特殊的物質。

鐵隕石和流星劍

隕鐵（鐵隕石）中含有大量的鐵，有時會被拿來當成煉劍的材料，很常取名為流星劍、流星刀等等。在煉鐵技術尚未發達的古代，含有高純度鐵的鐵隕石是一種珍稀的材料，和其他隕石相比，地位特別許多。

球粒隕石

小知識 隕石球粒之間的空隙大多填滿了鐵，所以隕石會趨近磁鐵。

隕石是從哪裡來的呢？

關於隕石故鄉的知識

根據研究結果，隕石主要來自一個叫做小行星帶的地方。

一看就懂！3 個重點

如果試著觀察隕石的軌道，會發現許多隕石都曾穿過小行星帶
由於隕石大多是偶然墜落的，所以很難查明它們究竟來自哪裡，但偶爾也會有觀察隕石角度和方向的機會。在收集許多相關數據後，發現隕石來自小行星帶。

小行星帶在哪裡？
如右圖所示，小行星帶位於火星和木星之間，由幾顆沒能成為行星或衛星的小行星和大量岩石組成，它們聚集在那裡進行公轉。有時候某些天體會偏離正常的軌道，劃出新的獨立運行路線。當它與地球軌道重疊時，它就會朝地球墜落，變成隕石。

也有些是從火星和月球來的
研究證明，隕石也不是全部來自小行星帶。有些隕石在撞擊火星或月球時，造成的衝擊會把那裡的岩石撞碎噴飛，變成新的隕石。有時也會飛向地球。

小知識 較大的天體可以觀測出運行的軌道，就可以監測它們是否會與地球相撞。

星星
宇宙
行星
地球
太陽
月球
星系
宇宙探索

火流星是什麼？

關於特別亮的流星的知識

火流星（又稱火球）是指在流星中，特別亮特別大的那些。

一看就懂！3個重點

火流星是流星中的一種

外太空中類似小碎石的物體被稱為宇宙塵埃，由於它們的數量多得不得了，所以時不時會衝入地球大氣層。如果直徑大約為 1 公釐到幾公分，它就會成為普通的流星，但比這更大的物體就會成為火流星。

成為等離子而發出光芒

當宇宙塵埃從宇宙向地球墜落時，它的墜落速度高達每秒 10 公里。當它以這樣的速度在空氣中運動時，宇宙塵埃前方的空氣會在一瞬間被壓縮而產生熱能，高溫會讓塵埃和空氣中的原子分離成電子和原子核，轉變成等離子體，從而綻放光芒。

由於火流星十分顯眼，所以各地的人會同時看到它

出現火流星時，由於它又亮又大，經常會有很多人同時看到它。2020 年 7 月 2 日午夜，在日本關東地區上空出現了比滿月還亮的火流星。這顆火流星最後成為隕石，墜落在地表。

小知識 火流星出現時，有可能會伴隨巨大的轟鳴。

隕石只會掉到 地球上嗎？

關於隕石也會掉到地球以外的知識

隕石也會落在其他天體上，形成隕石撞擊坑。

一看就懂！3個重點

隕石在月球上造成許多隕石坑

雖然隕石也會在地球上形成隕石坑，但在月球上的情況更明顯。因為月球上沒有大氣層或水，隕石坑不會被風化侵蝕，所以月球上的隕石坑都還保持著 30 億～ 40 億年前剛形成的模樣。

月球上仍在形成新的隕石坑

月球上的隕石坑到現在都還在持續增加，因此也證明，月球表面的變化速度比人類預想的快很多。就算未來能夠在月球上建造出基地，也有遭到隕石撞擊的危險，建築物本身必須相當堅固才行。

隕石會墜落在各種天體上

隕石不僅會墜落在月球，也不斷墜落在太陽系的各個天體上。其中特別常觀察到有小行星之類的天體墜落到木星上。隕石墜落時爆發的能量相當巨大，掉在地球上可就麻煩了。

星星

宇宙

行星

地球

太陽

月球

星系

宇宙探索

小知識 也很常有隕石掉到木星上，但它們等於是撞入氣體中，所以不會在表面留下隕石坑。

巨大的隕石掉到地球上的話，會怎樣？

（關於巨大隕石的知識）

如果有巨大的隕石墜落地球，會發生像以前恐龍滅絕時一樣的嚴重狀況。

一看就懂！ 3 個重點

6600 萬年前的巨型隕石撞擊事件

如果一顆直徑約 10 公里的巨型小行星與地球相撞會發生什麼事呢？ 6600 萬年前真的發生過這樣的事。現在的墨西哥猶加敦半島（Península de Yucatán）還留存著當時的痕跡。

地球上 75% 的生命會滅絕

衝擊力過於巨大，導致地殼上的岩石層翻翹起來，岩石像海嘯一般淹沒周圍的地區，真正的海嘯緊接而來。衝擊揚起的灰塵擋住了陽光，地球一瞬間寒冷化。最後造成地球上包括恐龍在內約 75% 的物種滅絕。

謎團重重的通古斯大爆炸

1908 年 6 月 30 日西伯利亞發生了巨大的爆炸現象，周邊大範圍的樹木被轟倒。但因為一直沒能找到隕石撞擊坑或隕石本身，以致世界各地流傳許多種揣測。但現在已經能確定這是流星的傑作了。

小知識 通古斯大爆炸的威力據估計是廣島型原爆的 185 倍。

掉落在地球上 最大的隕石是？

（關於世界最大的霍巴隕鐵的知識）

墜落到地球上的隕石裡，納米比亞的 霍巴隕鐵是史上最大。

一看就懂！ 3 個重點

重達 60 噸的鐵隕石

位於非洲西南部納米比亞奧喬宗朱帕區的霍巴隕鐵（Hoba meteorite），外觀是一塊長 2.7 公尺、寬 2.7 公尺、高 0.9 公尺的長方體隕鐵，重約 60 噸。它是含鐵量高達 84% 的鐵隕石。

在農場裡發現的隕石

霍巴隕鐵是 1920 年一名農場工人挖出陷在淺層泥土下的東西而發現。由於沒有隕石坑，所以遲遲沒有人發現它，等到挖出來了，大家才訝異於它居然這麼大。據估算，它是在大約 8 萬年前隕落。

含鐵量高是會這麼大的其中一個原因

研究認為，正因為霍巴隕鐵具有高含鐵量，才會保持大鐵塊的狀態墜落到地面。一般來說，大塊隕石進入大氣層後往往會四分五裂，鐵隕石卻大多以完整鐵塊的狀態掉落。

非洲納米比亞的霍巴隕鐵

星星　宇宙　行星　地球　太陽　月球　星系　宇宙探索

第一個進行宇宙航行的人是誰？是什麼時候呢？

關於最早的宇宙航行的知識

人類第一次的載人宇宙飛行，是 1961 年由前蘇聯太空人尤里・加加林完成的。

一看就懂！3 個重點

人類首次太空飛行，是環繞地球一周，共花費 108 分鐘
尤里・加加林（Yuri Gagarin）搭乘「東方 1 號」從哈薩克斯坦基地起飛，進行繞地球一圈的任務。飛行軌道在海拔約 300 公里處，飛行時間約 108 分鐘。

選擇加加林來執行任務的原因
在 100 名太空人候選人中，加加林會被選中，不只是因為他是一名能夠承受嚴格訓練的優秀太空人，更因為他身高只有 160 公分，身材矮小。因為東方 1 號的空間狹窄到 1 個人搭都還很擠。

美國在和前蘇聯的太空發展競爭中接連落敗
美國從發射第一顆人造衛星開始，在之後的太空競賽中連續落敗。1961 年 5 月，當時的美國總統甘迺迪宣告「10 年內美國將完成載人登陸月球並安全返回地球」的目標。進而推動了後來的阿波羅計畫。

和載運火箭第一段呈結合
狀態的東方 1 號

小知識 最先飛入太空的哺乳類動物，是一隻來自前蘇聯名叫萊卡的母狗。

是第一位太空人加加林說了「地球是藍色的」嗎？

關於加加林名言的知識

完成人類史上第一次太空飛行的加加林，並沒有說過「地球是藍色的」。

一看就懂！ 3 個重點

「地球是藍色的」這句話只在日本有名

這句話在日本人人都知道，但在其他國家卻鮮有人知。而且，日文翻譯並不準確，原義是這樣說的：「天空一片漆黑，而地球泛著藍」。還有，這也不是在太空中說出的讚嘆，而是後來接受採訪時提到的。

為什麼會強調「藍色」？

如果從地球上看太空，你會看到一個廣闊的漆黑世界。在這樣的背景裡，為了強調在黑暗中被稱為水行星的地球有多美，所以用了一種更浪漫的表達方式，因而在日本廣泛流傳開來。

在海外有名的是「天上沒有神」

在國外，這句話更廣為人知，但這甚至不是加加林說的話。它是下一位太空人從太空回來後說的。這是信仰上帝存在的基督教文化圈特有的見解而造成的誤會。

加加林紀念郵票

太空人平時都在做什麼？

（關於太空人工作內容的知識）

太空人大致可分為飛行員、工程師和研究人員。

一看就懂！ **3** 個重點

太空人的工作內容可以大致分為 3 類

以工作內容來說，太空人大致可分成：往返於太空和地球之間的太空人、在太空中操作和維護設備的工程師，以及在太空中進行調查和研究的研究員。不管哪一種，都是由完成多次測驗的專家所擔任。

在太空工作的技術人員

飛航技術專家具備整個系統的知識，除了操作系統，還可以操作機械臂和執行艙外活動。此外，他還是能夠進行種種實驗操作的全能型太空人。

在太空實驗室進行研究的科學家

他們被稱為載荷專家。雖然沒有接受任何系統操作相關的培訓，但因為對實驗內容具有特別詳盡的知識技能，所以負責和飛行相關的實驗。這也是為什麼載荷專家通常是從科學家和研究人員中甄選。

1984 年，挑戰者號太空船的太空人布魯斯·麥坎德雷（Bruce McCandre），成為人類史上第一個執行艙外無生命任務的人。

星星 宇宙 行星 地球 太陽 月球 星系 宇宙探索

小知識 如今，科技已經能讓人類不是為了工作，而是以遊客身分前往太空旅遊觀光。

要怎樣才能 成為太空人？

關於想成為太空人該做的準備的知識

在日本要成為太空人的第一步是
日本宇宙航空研究開發機構（JAXA）。

一看就懂！ 3 個重點

日本宇宙開發的中心點—— JAXA

JAXA 是負責日本航空宇宙發展政策的國家研發機構。除了派遣太空人，它還是衛星發射、行星探測等宇宙發展的中心點。參加 JAXA 相關機構的公開招募，是成為日本太空人的第一步。

JAXA 太空人招募

身高、視力、聽力和工作經驗等等，招募資格有許多條件。如果通過考試，成為太空人候選人，接下來就會進入訓練階段。完成候補的訓練課程後，根據訓練的成績取得認證，就能成為 JAXA 的太空人。

太空人大多在地面進行工作

即使成為太空人候選人，也不代表馬上就能前進宇宙。10 年裡最多 2 次左右。相反地，太空人更多是在地面忙碌工作。除了日常訓練不能鬆懈，還要協助火箭發射等等工作，極為忙碌。

2021 年度，JAXA 13 年來首度公開
招募太空人候選人。

小知識 在美國，已經有民營公司開始研發和運營載人太空船。

太空衣有哪些機能呢？

關於各種太空衣的知識

在太空衣中，具備最強機能的是用來讓人類在宇宙空間活動的款式。

一看就懂！**3**個重點

艙外活動用的太空衣，有如一艘能保護人類的小型太空船

太空衣（Extravehicular Activity Units）是太空人在惡劣的宇宙環境（真空、強烈太陽光、極度低溫、宇宙塵埃等等）中作業時所穿的衣服。只靠一套太空衣就能保護漂浮在宇宙中的人類，可說是一艘小型太空船了。

為了維持生命而設計的各種裝備

呼吸用的氧氣和清除對人體有害的二氧化碳的機能相當重要。此外，直接日射下的溫度高達120℃，陰影處溫度低到 -150℃，所以冷卻裝置和隔熱功能不可或缺。真空環境裡無法傳遞聲音，傳播通訊功能也很重要。

太空衣就算重一點也沒關係

一套太空衣重約 120 公斤。如果在地球上穿，人會因為衣服太重而站不起來。但是在無重力空間裡，重量完全不是問題。即使到了月球，引力也只有地球的 1/6，在火星，引力就是 1/3。

燈光、電視攝影機、通訊用耳機等等

水和氧氣等等的儲用槽、維持生命的設備、電腦

為了在溫度、氣密性、耐熱性、微隕石等侵害下保護人類，太空衣厚達 **14** 層。

小知識 在地球上進行太空衣的穿用訓練時，會在水下進行。

為什麼在太空一定要穿太空衣呢？

（關於太空衣機能的知識）

為了在真空中維持生命，
保持氣壓的增壓服是不可或缺的。

一看就懂！3 個重點

沒有氣壓，人就無法生存

很多人以為，只要有潛水用的氧氣瓶，能在太空中呼吸就行了，事實上並沒有這麼簡單。重要的是保持身體所需的氣壓。對於在宇宙空間活動、發射及返航中可能發生的意外，太空衣都能夠發揮保護作用，所以萬萬不可缺少它。

它也是能提供和地面同等的 1 個大氣壓的增壓服

生活在地面上時，人體無時無刻處於空氣的重量（大氣壓力）之下。人體長期承受著大氣壓力，如果壓力突然消失，身體將無法維持正常。這就是為什麼會需要增壓服這種特殊的衣服，在真空中為身體保持大氣壓。

萬一太空衣破了，怎麼辦？

有些科幻故事裡會有以下情節：一個人被直接扔到外太空裡，他就「全身爆炸」、「血液瞬間沸騰」等等，電影裡也有這樣的場景。實際上並不會這樣，但身體會因為快速降壓，幾十秒內就喪命。

穿著增壓服的太空人

 曾經有太空人在訓練期間發生意外，以致暴露在真空中約 15 秒左右，幸好他立刻得到救助。

為什麼太空衣要做成橘色的？

（關於太空衣顏色的知識）

為了搜救時更快發現目標，
所以選擇鮮明的顏色。

一看就懂！ 3 個重點

為了應對緊急狀況而選的顏色

為了在火箭發射或返航等特殊或緊急情況下能最快的搶救，太空衣採用了搜索時更容易找到的顏色。這是一種從上方進行搜索時可以識別成障礙物的顏色，不但和天空、大海的顏色明顯不同，據説比紅色更不容易和風景混淆。

橘色來自太空梭的設計

在 1986 年的挑戰者號事故後，業界開發了在發射和返航時專用的橘色太空衣。這種橘色用於航空業界或宇宙產業裡，被稱為「國際橘」。

艙外活動用的太空衣是白色的

在艙外活動或月面活動中，穿的是白色（銀色）的太空衣。這是因為白色在漆黑的太空中最顯眼，而且在日射環境下達到 120°C 的太空中，白色會反射掉陽光，讓太空衣較不易升溫。

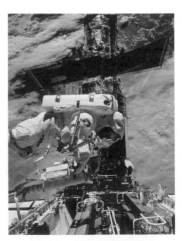

在太空進行艙外活動的太空人

小知識 飛機上的黑盒子顏色也是國際橘而不是黑色。

星星 宇宙 行星 地球 太陽 月球 星系 宇宙探索

每一天都會誕生很多恆星嗎？

關於怎麼調查星星數量的知識

氣體收縮形成星星的方式，
會因宇宙中的地點和時代而有不同。

一看就懂！ 3 個重點

計算星星數量的方法

目前是把一年中誕生的星星的總質量，除以太陽的總質量來求出數字。觀測結果顯示，星星的誕生數在約 100 億年前達到巔峰，現在大概是那時的 1/10，等同每一個邊長為 1000 萬光年的立方體中，大約有 0.3 個太陽質量的程度。如果把宇宙的大小看成一個邊長為 700 億光年的立方體，那麼每年就有 1000 億個太陽質量，每天有 3 億個太陽質量。

平均計算有其限制

這個觀測結果是宇宙空間的平均值。但大部分有恆星誕生的星系，分布會如圖示般，有緊密和稀疏、類似「氣泡」的結構。比起用平均值來計算，更應該著重各個星系「生育力」的值。

銀河系相當活躍

如果把橫跨 10 萬光年的銀河系，算作一個單邊有 3 萬光年的立方體積，平均計算後等於每年誕生 0.00000001 個太陽質量。實際上，每年銀河系都產生了好幾個太陽質量。

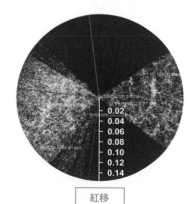

0.02
0.04
0.06
0.08
0.10
0.12
0.14

紅移

宇宙大尺度結構　星系的空間分布

小知識　視星系不同，有些星系似乎正邁向「少子化」加「高齡化」。

317

星星
宇宙
行星
地球
太陽
月球
星系
宇宙探索

宇宙的終結會是什麼樣的？

（關於宇宙末日的知識）

主流理論認為，如果宇宙繼續膨脹擴大，它會凍結或散裂。

一看就懂！ 3 個重點

膨脹到最後的姿態

最近的觀測顯示宇宙正在加速膨脹擴大。人們認為多半也有受到暗能量的影響。設想出宇宙自過去延伸到未來的連續性變化，對了解宇宙很有意義（請參照第 148 頁）。

熱寂（Big Freeze，大凍結）

如果宇宙像現在這樣不斷地膨脹，每個星系最終都會遠離而孤立，這是視加速度的遞增情況，來設想出的「凍結」和「破碎」2 種假設樣本。

大撕裂（Big Rip，破碎化）

隨著膨脹以愈來愈激烈的加速度繼續進行，最終時空本身被撕裂，不管是星系或恆星等等結構都不再存在。由於膨脹，「力」可說已不再起作用，構成物體的原子和原子核也會因為膨脹而毀滅。

〈膨脹的宇宙〉

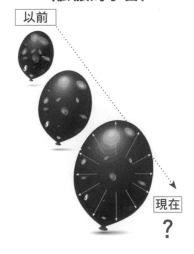

以前

現在

?

小知識 當膨脹的速度超過「力」傳遞的速度時，由「力」所達成的結構狀態將不復存在。

宇宙會再次收縮嗎？

（關於宇宙縮成一個點的知識）

也有人堅信宇宙的膨脹會在某個時刻停止，然後開始收縮。

一看就懂！3 個重點

大擠壓（Big Crunch，坍縮）

宇宙的膨脹會在某一點停止，然後由於引力的作用而再次收縮的理論也獲得很大的支持。這種學說就是指大爆炸的回溯現象。宇宙背景輻射的波長會愈來愈短，異常熾熱而發出光芒。最後宇宙崩塌為一個點。

由膨脹變為收縮的切換點

在回溯本源的假設樣本中，需要一個切換點。因為宇宙目前正在快速膨脹，顯示它還很年輕，要判定它的切換點還言之過早。

未知的事情太多了！

目前，從星系的運動等觀測結果來看，存在暗能量的學說愈來愈具說服力。如第 148 頁的圖表所示，它似乎比人類已知的能量多很多。想研究宇宙從膨脹到收縮的機制，還有太多未知課題要先解開。

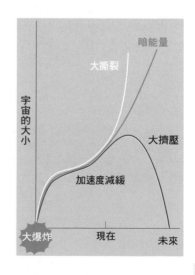

星星

宇宙

行星

地球

太陽

月球

星系

宇宙探索

小知識 收縮過程類似於黑洞內部的情況（參照第 199、200 頁）。

宇宙大反彈理論是什麼？

（關於宇宙發生振動的知識）

在大擠壓之後，宇宙又會從收縮成的一個點轉向擴張。

一看就懂！ 3 個重點

回到最初的宇宙

由於大擠壓和大爆炸是相反的現象，所以這個假說稱為大反彈（Big Bounce）。承接這個想法，宇宙重複收縮和擴張過程的想法也隨之誕生。這就是所謂的「循環宇宙假說」。

從膨脹轉為收縮的變化將是一個奇異點

這個轉變點將具有無限大的密度。在時間和空間中，將會像鑽針的尖端一樣尖銳地凸出來，在理論計算裡，密度等等的值會變得無限大，遠遠超出人類的理解範圍。

將奇異點鈍化後與周圍相接

在這裡，我們試圖鈍化這個奇異點的尖角，讓它能與周圍相接。這是一種混合時間和空間的數字操作。宇宙誕生的點不再是奇異點，那麼人類將可以想像出許多宇宙的產生。

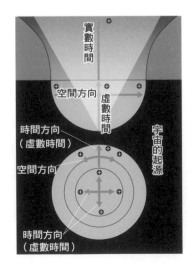

實數時間

空間方向

虛數時間

時間方向（虛數時間）

空間方向

宇宙的起源

時間方向（虛數時間）

小知識 倡議把尖銳的奇異點鈍化理論的，主要是物理學家霍金。

為什麼粒子和反粒子都是成對產生的呢？

關於光創造出粒子的知識

在具有能量的空間中，光的聚合體
由於擾動而產生出粒子。

一看就懂！3 個重點

在爆炸的空間裡存在的光

大爆炸中的能量極高，也就是充滿了波長較短的光。在當下溫度為 1000 兆（10^{15}）℃ 的情況下，負責輻射溫度的光的波長約為 10^{-24} 公尺左右。

光讓具有質量的粒子成對產生

根據量子理論，在充滿這種高能量光的空間中，光子會產生出成對的粒子及反粒子後消失。這裡說的粒子，具有稱為「質量」的運動難度。因此它無法像光那樣以光速運動。

電子和正電子

在 1 兆 ℃ 左右的溫度下，光的波長為 10^{-21} 公尺，光子產生成對的電子和正電子。各自的電荷大小相同，但正負符號相反，所以得以恆在（總和為零）。它僅在電荷之間產生庫侖靜電力時發生運動。

小知識 正、負電荷成對產生的學說，也廣泛應用於半導體電子工程學中。

物質宇宙和反物質宇宙是什麼？

（關於反物質宇宙不成立的知識）

意思是說，我們都是與生俱來就成對產生、成對消滅的產物。

一看就懂！3 個重點

粒子和反粒子在結合而消失時發生錯位

由光子所成對產生的粒子和反粒子，在完美對稱時將會自動消滅。然而，存在「對稱性破缺」的粒子會因為錯位倖存下來。目前已經實際觀測到對稱性破缺的例子，而驗證了這個理論（小林・益川理論／2008 年諾貝爾物理學獎）。

由微小的錯位而產生的物質宇宙

在成對出現的定律下，大約 10 億對中的 1 對，會在粒子及粒子成對時只消失 1 個，無法回溯為光子而留存下來，剩下的粒子稱為「正常粒子」。也就是它創造了我們的物質宇宙。

宇宙充滿了縫隙

抬頭仰望夜空，大部分都是漆黑一片，什麼也沒有。由「正常粒子」組成的物體非常少，但是，正是那些例外的存在，形成了星星、星團，創造了物質宇宙。當然，也創造出我們的身體。

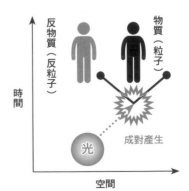

光產生出成對的「粒子」和「反粒子」，但只有「粒子」會形成「物質」，逐步成長建構出「宇宙」，「反物質」則會消失

小知識 但反粒子無法成長為「反物質」和「反物質宇宙」。

相對論讓我們知道了哪些事呢？

（關於表述宇宙理論的知識）

我們可以考察到萬有引力在宇宙浩瀚時空中的種種作用。

一看就懂！ 3 個重點

狹義相對論發表於 1905 年

愛因斯坦想知道如果他乘在光上觀測光會是什麼情形，於是他根據這個想法研究，而後得出了結論：「光速在所有情況下都應該是恆定的」，對空間和時間做出了和牛頓力學不同的新定義。這是把空間和時間交織在一起來加以思考。

廣義相對論是和數學家一起建構出來的

廣義相對論定義，加速度和重力相同，且時間和空間以統一的方式彎曲。這明確指出：加速度系和引力正在作用的場，是無法加以區別的。時至今日，廣義相對論也廣泛應用於 GPS 等定位系統上。

量子理論是時間和空間的最小單位

在尋找宇宙起源的過程中，空間和時間的最小單位成為一個難題。這個未知的單位也是擾動的起點。追尋這個問題的學說研究，就是「量子理論」。然而，目前還未出現能夠完美嵌合量子理論和廣義相對論的統合理論。

小知識 在浩瀚宇宙的起源問題上，對微小物體的表述，代表了人類理解的極限。

地面上挖出來最深的洞穴是？

（關於地面深穴的知識）

俄羅斯西北部的科拉半島超深鑽孔是地球上最深的洞穴，深約 12 公里。

一看就懂！ 3 個重點

1989 年，它的深度達到了富士山的三倍

科拉半島（Kola Peninsula）超深鑽孔是前蘇聯為了調查地質構造和地下資源，以及開發相關技術而開鑿的。鑽探始於 1970 年代，當時正值美蘇激烈太空競賽期間，1989 年時深度已達到約 12 公里，等於疊了 3 個富士山左右。

地下溫度會因地形而異

在北極圈沙漠的科拉半島，地下約 12 公里處的洞底溫度為 205℃。在日本新潟縣為了資源調查而挖的一個 6310 公尺的洞中，溫度為 210°C。這是因為日本多火山，地下溫度較高。

還有針對地殼較薄的海底進行的地函鑽探計畫

地殼的厚度有 5 ～ 70 公里，以整個地球來看是非常薄。日本的地球深海鑽探船「地球號」正在推進一項海底地函鑽探計畫：自海底往下鑽井 856.5 公尺，距海面深度達 7740 公尺，創下世界最深海底人造洞穴的記錄。

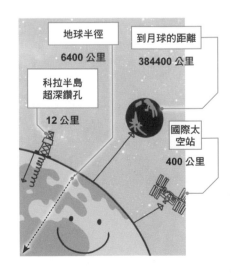

地球半徑	到月球的距離
6400 公里	384400 公里

科拉半島超深鑽孔	國際太空站
12 公里	400 公里

小知識 人類降下過最深的坑洞是位於南非的陶特納礦山，深度約 3900 公尺。

覆蓋在地球上的板塊指的是什麼？

（關於地球板塊的知識）

緩慢移動的大陸和海洋板塊在地函上覆蓋著整個地球。

一看就懂！3 個重點

厚大陸板塊和薄海洋板塊

覆蓋地球表面的地殼和地函，最上層是由叫做「板塊」（plate）的岩石層所組成。其中分為厚的大陸板塊和薄的海洋板塊，厚度從幾 10 ～ 200 公里不等，共分為 10 多個大塊。

板塊會碰撞和錯位磨擦

最大的大陸板塊是歐亞板塊，而最大的海洋板塊是太平洋板塊。板塊在海底的山脈（洋脊）中誕生，一邊緩慢地朝海底細長的溝壑（海溝）下沉，一邊慢慢移動，過程中會發生碰撞和磨擦。

板塊間摩擦引起的火山活動和地震

位在四大板塊碰撞點的日本列島，由於橫跨了北美和歐亞板塊，再加上受太平洋和菲律賓海底板塊下沉擠壓而產生的摩擦影響，火山活動和地震都相當頻繁。

北美板塊

歐亞板塊

太平洋板塊

菲律賓板塊

小知識 太平洋板塊正以每年 8 ～ 10 公分的速度在日本周圍向西北方移動。

大陸是會移動的嗎？

關於大陸移動的證據的知識

大陸下方的板塊會因為地函中的對流而跟著移動。

一看就懂！ 3 個重點

基於環境證據而提出的板塊漂移論

最早的板塊漂移論是德國氣象學家韋格納於 1912 年提出。他舉出了如世界地圖上大陸的形狀像拼圖一樣能夠互相吻合、在兩個不同的大陸上發現了相同生物的化石、南極點的錯位移動等等，以詳細的環境證據為基礎，提出了大陸漂移的假說。

地函對流與板塊構造

後來，人類明白了地球內部結構，產生了大陸與板塊運動的驅動力來自地函對流的觀點。這就是板塊構造學說。

無線電天文學和地震研究解開謎團

無線電天文學的觀測顯示，夏威夷正以每年幾公分的速度接近日本。此外，透過對地震的研究，人們發展出地函柱構造理論，也就是板塊運動的方向是由於循地函內部較熱部分會上升、較冷部分會下潛所造成。

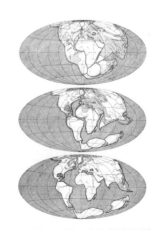

出自韋格納《大陸與海洋的起源》
第 4 版（1929 年）

小知識 韋格納在遠征格陵蘭島的探險途中不幸遇難。他著有《大陸與海洋的起源》一書。

以前的大陸是全部連在一起的嗎？

關於盤古大陸的知識

地函對流導致大陸反覆碰撞和推擠。

一看就懂！3個重點

Pangea 意思是指「所有大陸」

1912 年發表了板塊漂移論的韋格納，認為過去大陸曾經是單一的巨大陸地，他把這個原始大陸命名為「Pangea」，在希臘語中是所有大陸的意思。到了現在，已經知道盤古大陸大約在 3 億年前形成，大約在 2 億年前開始分裂成 6 個。

大陸每 5 ～ 8 億年聚集在一起

地球上有歐亞大陸、非洲、北美和南美、澳大利亞和南極洲共 6 個大陸，至今它們仍然在移動。據信，大陸至少曾經聚集過 3 次，大約每 5 ～ 8 億年 1 次。

用超級電腦來重現大陸的漂移

日本海洋研究開發機構（JAMSTEC）利用超級電腦模擬地函對流，在世界上首次重現出大陸板塊自盤古大陸時代到現代的漂移過程。

大陸還連在一起時的盤古大陸

小知識 據說 2 億 5 千萬年後，將會形成美亞（美洲＋亞洲）大陸。

星星

宇宙

行星

地球

太陽

月球

星系

宇宙探索

地球上也有行星撞擊坑嗎？

關於地球上的隕石坑的知識

目前在地球上發現了約 180 個隕石坑，
其中三分之一都遭到掩埋。

一看就懂！ 3 個重點

隕石撞擊造成的凹陷遭到掩埋後消失

包括海底的隕石坑，地球上大約有 180 個隕石坑是由隕石撞擊造成，類似月球上的隕石坑。但其中 1/3 被地殼運動和風化掩埋。月球的隕石坑依然存在，因為月球上沒有風也沒有雨。

日本的隕石撞擊坑也有國際認證

為了確認是隕石撞擊造成的隕石坑，需要強烈的撞擊痕跡和隕石物質等證據。長野縣御池山的隕石坑經過岩石樣本鑑定後，於 2003 年獲得國際認證。

破火山口也是隕石坑？！

隕石坑的英文「Crater」源自希臘語，原意是指寬口凹底的容器。因此，除了隕石坑之外，核彈試爆造成的爆炸坑、或火山活動造成的凹窪，也叫做「Crater」。火山噴發形成的破火山口（Caldera，西班牙語的「大鍋」），也會被稱為火山性 Crater。

隕石坑名稱的來由──希臘的 Crater

小知識 某小學的副校長把一塊岩石送去鑑定，因而認證了御池山隕石坑。

岩石是怎麼形成的？

（關於岩石的形成方式的知識）

根據形成的方式，岩石分為火成岩、沉積岩和變質岩三種。

一看就懂！3 個重點

火成岩是由岩漿形成的礦物集合體

地球也被稱為「岩石行星」，地殼的 95% 以上都是由岩漿形成的火成岩。其中，火山岩是岩漿突然冷卻後凝固而成，結構中會含有大大小小的斑駁礦物晶體；深成岩是在地下深處緩慢冷卻的岩漿形成，所含有的結晶大小較均勻。

由泥土和沙子堆積而成的沉積岩

沉積岩是沉積的土和沙子在水中壓實而成，很常堆積成地層，也能從中找到化石。根據泥沙的顆粒大小、火山灰形成的就是凝灰岩、鈣質的珊瑚形成的就是石灰岩等等，以它們形成時沉積的成分特徵來進行分類。

經過熱壓等變質過程的變質岩

火成岩和沉積岩在受熱、壓力、隕石撞擊等作用後變質，其成分和性質發生變化後形成的就是變質岩。從分布在稱為變質岩帶的帶狀區域的變質岩身上，解釋了地球上板塊運動的歷史。

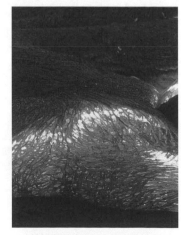

基拉韋亞（Kīlauea）火山熔岩

 小知識 所含的礦物包括：石英、長石、黑雲母、角閃石、輝石和橄欖石等等。

329

泥土是 怎麼形成的呢？

關於泥土形成的方式的知識

岩石和生物體經過物理性、 化學性和生物性的風化作用形成。

一看就懂！ **3** 個重點

岩石透過物理風化變成細砂

風化是岩石經過很長一段時間在大自然作用下變成土壤的現象。45 億年前地球形成時，還沒有土壤，岩漿冷卻硬化形成的地表岩石，在陽光、風雨、溫度變化等自然力量下崩塌碎裂，逐漸變成沙子。

由於化學風化而變成黏土

岩石變成沙子後，有些會在酸性的水質或地熱等化學性的風化作用下形成黏土。然後，苔蘚和微生物將岩石、沙子和黏土溶出的礦物質作為養分，開始蓬勃地生長。

生物性的風化作用增加了「腐殖質」，造就了泥土

隨著苔蘚、微生物及其屍體的增加，生物風化過程將它們變為自然的養分。動植物遺體分解而成的「腐殖質」，和沙、泥一起成為腐殖土，地球這才慢慢有了泥土覆蓋的大地。

小知識 形成土壤基礎的岩石稱為母岩，火山灰和植物遺骸被稱為土壤母質。

水星的表面為什麼有很多隕石坑？

（關於水星的隕石坑的知識）

由於水星幾乎沒有大氣層，
隕石坑很容易保留得長久。

一看就懂！ **3** 個重點

水星是太陽系中最小的行星，距離太陽最近
無論是質量還是直徑，水星都是太陽系中最小的行星，質量大約是地球的 1/18，直徑大約是地球的 2/5（月球的 1/3）。它和太陽的平均距離約為 5800 萬公里，是地球和太陽距離的 1/3，是離太陽最近的行星。

大氣層稀薄，隕石很容易到達地表
因為水星質量小，引力也小（約為地球的 1/3），又因為靠近太陽，造成表面溫度高（地表最高溫度達 400℃ 以上），大氣層有脫離水星的引力逸散，水星極為稀薄的大氣層，讓隕石更容易到達地表。

沒有風化或侵蝕，隕石坑往往會保留
沒有大氣層，就不會像地球上那樣發生風化和侵蝕現象。也因此，隕石撞擊水星表面形成的隕石坑地貌，毫髮無損地在水星表面留存了 40 億年。

水星的隕石坑

小知識 被稱為卡洛里斯盆地的隕石坑，直徑約為 1500 公里（超過水星直徑的 1/4 以上）。

星星

宇宙

行星

地球

太陽

月球

星系

宇宙探索

星星
宇宙
行星
地球
太陽
月球
星系
宇宙探索

金星和地球的大小為什麼差這麼多？

（關於金星的知識）

與太陽距離的微小差異，大大地改變了地球的命運。

一看就懂！3 個重點

「雙胞胎行星」—地球和金星，與太陽的距離差

金星是太陽系中的第二顆行星，在地球軌道的內側公轉。它的直徑約為地球的95%，質量約為地球的82%。然而，金星與太陽的平均距離比地球近約 4200 萬公里。

由於靠近太陽，導致了金星的高溫環境

這種距離上的差異，使得金星的環境與地球截然不同。舉例來說，金星雖然有很厚的大氣層，但主成分是二氧化碳，所產生的溫室效應，讓金星的表面溫度不分日夜都會高達 470°C，非常高溫。

厚重的濃硫酸雲形成的降雨

金星的大氣壓力約為地球的 90 倍，大氣中有著厚重的硫酸雲，會形成硫酸雨降下地表。過去被科學家認為存在的水，現在也已經不存在了。從地球上看，美麗燦爛的金星，實際上是環境有如地獄般的行星。

金星

地球

小知識 金星之所以看起來如此美麗明亮，是因為濃硫酸雲對陽光的反射率很高。

為什麼火星看起來是紅色的？

（關於火星表面的知識）

火星地表上的泥土是紅色的氧化鐵構成。

一看就懂！3 個重點

自古就觀察到火星是紅色

火星的「火」源於中國古代哲學的五行學說，它被認為是紅色的火燄之星，所以命名為「火星」。用天文望遠鏡觀察，可以看到部分地表的明亮紅褐色表面，以及一些較模糊的暗色地表，表面的顏色分布也有些許變化。

火星的表面是鐵鏽色的

火星的地表有 70% 以上的面積都覆蓋著紅褐色的土壤。1976 年，維京號探測器詳細分析火星的沙子和土壤時，發現土壤中的紅褐色來自氧化鐵等等鐵的氧化物（鐵鏽）。

沙塵暴讓地表上的紅色花紋發生變化

火星的大氣層稀薄，不到地球的百分之一，主要成分是二氧化碳。由於火星上吹著強風，不時會發生沙塵暴，從地球上觀察火星時，能夠觀測到火星地表花紋發生了變化。

小知識 由 NASA 的火星探測器毅力號所記錄到的火星圖像和聲音，都已向大眾公開。

333

火星上真的存在過水嗎？

關於火星的水的知識

火星上有從前水流經過而形成的地貌，
最近則有探測器檢測到水

一看就懂！ 3 個重點

過去火星曾經存在水

據研究結果推測，火星在數十億年前擁有充滿液態水的河流和池塘，很可能擁有適宜微生物生存的環境。在火星上也觀測到由水流經而形成的蜿蜒河流地貌、山谷和三角洲等等。但現今已不存在液態水了。

水到哪去了呢？

隨著火星的大氣層變薄，溫度升高後蒸發了水，由於火星的引力低，水氣逸散到太空中，或者被吸收到地下成為礦物質。不過，在極地的極冠上還留存著稀少的冰。

探測器在檢測中發現了水

雖然到目前為止，還沒有在火星上探測到液態水，但從 NASA 和歐洲太空總署的探測器進行的觀測來看，已經探測到水或形同水的物質。2021年他們宣布發現了 20 億年前火星上曾存在水的證據。

小知識 目前仍有待開發出能夠鑽探火星極冠 1.5 公里厚冰層的探測器技術。

太陽系裡最大的火山就在火星上嗎？

（關於火星的火山的知識）

火星上的奧林帕斯火山是太陽系中最大的火山。

一看就懂！**3**個重點

火星上的巨型火山

火星的北半球是一片遼闊的平原，在這裡可以看到一座巨大的火山。火星上的巨型火山，都是坡度平緩的「盾狀火山」。在這些火山中，最大的是奧林帕斯火山，位於赤道附近的塔爾西斯高原。

奧林帕斯火山是一座超級巨大的火山

奧林帕斯火山高出周圍平原約 25 公里，總直徑約 700 公里，是一座極巨大的火山。光是山頂的破火山口直徑就有 70 公里左右，大到可以把整座富士山都放進去，高度也有富士山的 6 倍多。

火星上所有的火山都處於休眠狀態

目前認為，火星上的所有火山都已經在 10 億年前就停止活動，進入休眠。未來有火星載人登陸或地球人類向火星遷移的計畫等等，因此有必要繼續調查火星火山活動狀況。

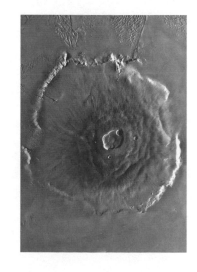

小知識 最新研究顯示，奧林帕斯火山是一座 7000 公里寬的巨型火山的一部分。

木星到底有多少顆衛星？

關於木星的衛星數量的知識

截至 2021 年，
已經在木星周圍發現約 80 顆衛星。

一看就懂！ **3** 個重點

自伽利略觀測到木星的衛星以來，已經 400 年了

在木星的衛星中，伽利略衛星是最大的一顆，於 1610 年由伽利略觀測發現。後來由於觀測技術進步或太空探測器觀測等等，到 2021 年已經發現了 80 顆木星衛星。光是 2018 年就追加記錄了 12 顆衛星。

伽利略衛星能夠用天文望遠鏡觀測到

伽利略衛星在木星的衛星中特別大，半徑有 1600 ～ 2600 公里，與月球相等或更大。它們都在木星的赤道平面內公轉，從離木星最近的開始，依次稱為木衛一、木衛二、木衛三和木衛四。

探測器很有可能會繼續發現未被觀測到的衛星

伽利略衛星以外的衛星中，大約有 60 顆的直徑不到 10 公里，尺寸相當小。隨著未來觀測技術的進步，預估還會發現幾十至幾百顆衛星。木星的衛星還真是多啊。

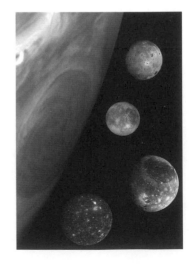

小知識 土星的衛星比木星更多，超過 80 顆（截至 2021 年）。

木星的衛星表面是什麼樣子？

（關於木星衛星地表的知識）

木衛一的表面覆蓋著火山噴出物，
木衛二的表面覆蓋著厚厚的冰。

一看就懂！**3**個重點

具有活躍火山活動的木衛一
美國航海家號和伽利略號探測器在木衛一上空 60～300 公里高空，往下探測到多座持續噴出硫磺和二氧化硫煙霧的活火山，火山噴出的物質會一層層地覆蓋地表，這也是木衛一上看不到隕石坑的原因。

木星的第二顆衛星木衛二
目前已有證據指出，木衛二的表面覆蓋著至少 3 公里厚的冰層，下方則是液態水。據推測，木衛二冰層上布滿黑色裂隙，是因為自裂隙中噴出的岩石和氣體導致。

其他伽利略衛星的表面
木星的第三顆衛星木衛三的表面，由幾乎不再運動的地殼和冰層組成。第四顆衛星木衛四表面覆蓋著約 200 公里厚的冰層，據研究指出，冰層的下方可能存在地下海洋（液態水）。

木衛一

小知識 NASA 預計在 2024 年以探索木星生命為目標，發射木衛二快船探測器。

1 等星、2 等星是什麼？

關於星星亮度的知識

它代表一顆星星的亮度。
數字愈小，就表示它愈亮。

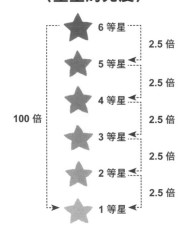

一看就懂！**3** 個重點

用數字表示星星的亮度

當我們抬頭仰望夜空中的星星時，會發現從明亮到暗淡模糊，星星有各種不同的亮度。針對這些星星的亮度來分類的標準，就是這個「星等」（星星的等級）。分類最早是從大約 2200 年前開始的。

喜帕恰斯最早開始為星星分類

希臘天文學家喜帕恰斯將明亮星定為 1 等，將暗星分為第 6 等，用 6 個等級來為星星的亮度分類。當時只分類了肉眼可見的星星。目前的星等分類中，以全天為範圍大約有 8600 顆 6 等星星，其中 21 顆是 1 等星。

現在已經可以精確測量等級

到現在，已經改由機器等設備來精確測量星星的亮度。有些星星比 6 等星更暗，也有些比 1 等星更亮。根據計算，有些星星的亮度甚至要加上負號。最亮的星星是大犬座的天狼星，星等是 -1.44。

〈星星的亮度〉

6 等星
2.5 倍
5 等星
2.5 倍
4 等星
2.5 倍
100 倍
3 等星
2.5 倍
2 等星
2.5 倍
1 等星

小知識 1 等星比 2 等星亮 2.5 倍，比 6 等星亮 100 倍。

絕對星等是什麼？

（關於星星真正的亮度的知識）

它表示的是把每顆星星都放在相同距離時，它們的亮度分類。

一看就懂！3 個重點

當我們拿太陽和北極星比較時，太陽更亮

太陽的視星等計算為 -27 等，顯示它非常明亮。另一方面，距地球 448 光年的北極星是 2 等，比太陽暗得多。這是因為比起北極星，太陽離地球近得多。

絕對星等是恆星的真實亮度

離星星近的時候它很亮，離它遠的時候它就變暗。這樣根本沒辦法知道星星到底多亮。因此，絕對星等是把星星放在一定的距離（10 秒差距〔parsec，1 秒差距等於 3.26 光年）來計算的亮度等級。

就絕對星等而言，太陽比較暗

在絕對星等中拿太陽和北極星比較的話，北極星的星等為 -3.6，太陽是 4.8，所以太陽要暗得多了。透過調查恆星的絕對星等，能夠了解更多恆星的特性。

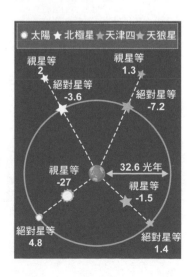

● 太陽　★ 北極星　★ 天津四　★ 天狼星

視星等 2
絕對星等 -3.6

視星等 1.3
絕對星等 -7.2

視星等 -27

32.6 光年

視星等 -1.5

絕對星等 4.8

絕對星等 1.4

小知識 根據恆星的位置和類型，有很多種計算絕對星等的方法。

星星的亮度是用什麼判定的？

（關於星星的溫度和大小的知識）

星星的亮度會因為它們的溫度、大小以及與地球的距離而改變。

一看就懂！3個重點

溫度愈高，星星愈亮

恆星的溫度看顏色就能知道了。青白色的星星是最熱的，當它們依序是白色、黃色和紅色時，表示溫度愈低。最熱的恆星大約有 4 萬 K 以上，最冷的是 2500K。溫度愈高，顯示它發出的能量愈多，所以也愈亮。

星星愈大就愈亮

HR 圖（赫羅圖）是把溫度（顏色類型）和絕對星等之間的關係用圖表來表示。大多數星星都會在圖的中央一帶，它們被稱為主序星。但是，被列為巨星的巨大恆星，超高的亮度完全不受溫度影響。

星星離得愈近也愈亮

離地球最近，位置在主序星很靠中央區域的太陽，雖然不是很亮，但因為離地球近，所以看起來很亮。天鵝座中的天津四實際上比太陽亮約 4 萬 7 千倍，但距離太遠，以至於顯得星光幽微。

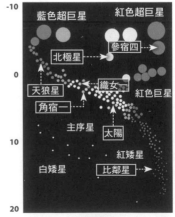

絕對星等

藍色超巨星　　紅色超巨星
參宿四
北極星
天狼星　織女　紅色巨星
角宿一
主序星　太陽
紅矮星
白矮星　　比鄰星

高 ←　表面溫度　→ 低

小知識 HR 圖中的「HR」是取兩位天文學家名字的首字母而成。

地球到月球的距離是怎麼測量的？

（關於測定到月球距離的知識）

用三角測量法、重力加速度和雷射測量法，都能測出地球到月球的距離。

一看就懂！ 3 個重點

用三角測量法來計算到月球的距離

希臘天文學家喜帕恰斯，在距今 2200 年前就藉由精確的測量，計算出月球與地球的距離。在月亮出現於水平線時，取同一時刻出現在南中天的距離，求出距離為 35 萬 4 千公里。相當接近後世測量的 38 萬公里了。

計算月球的公轉軌道也可以

利用克卜勒第三定律，透過精確測量月球的公轉周期來計算到月球的距離。只要知道重力加速度和地球的半徑，就可以計算出從地球中心到月球的半徑。這是 17 ～ 20 世紀的主流方法。

現今使用雷射光來精確測量

到了現代，人類已經可以用雷射光直接測量來獲得精確的距離。1971 年，阿波羅 14 號和 15 號太空船安裝的復歸反射器，從地球發出雷射光，再測量反射回來的時間，用以計算出距離。

阿波羅 15 號安裝的月面復歸反射器

小知識 精密的測量顯示，月球正以每年 3.8 公分的速度離開地球。

天文單位是什麼？

關於太陽和地球之間距離的知識

天文單位是標示太陽系行星之間距離的完美「尺標」。

一看就懂！3 個重點

天體之間的距離很長

宇宙中天體之間的距離不是都很遠嗎？例如，即使是最近的天體月球，也有 38 萬公里的距離。但是，地球上一般的最長距離單位是公里。如果要表達天體之間的距離，數字都太大了。

1 天文單位（au）為 1.496 億公里

太陽和地球的平均距離大約是 1 億 5 千萬公里，這是一個非常大的數字，但是如果把這個距離設定為 1，就可以更清楚地表達出太陽系行星之間的距離。1au 在 2012 年決定為「1.496 億公里」。

天文單位是太陽系的尺標

如果用天文單位來衡量太陽系行星之間的距離，那麼會是：太陽和木星之間大約 5 au、太陽和土星之間大約 10 au、太陽和海王星之間大約 30 au，非常好記好懂。然而，到下一顆鄰近恆星的距離是 26 萬 au，這又是一個很大的數字，所以會需要使用另一個單位。

〈天文單位〉

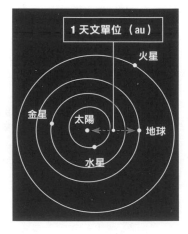

星星

宇宙

行星

地球

太陽

月球

星系

宇宙探索

小知識　「au」原名寫作「astronomical unit」，代表「天文單位」。

秒差距是什麼？

（關於秒差距的知識）

它是用來方便表達遙遠天體的距離的單位。

一看就懂！3 個重點

以視差為基準的單位

當我們從兩個不同的地點看向遠處的某個東西時，三個點能夠形成一個角度。這就是「視差」，近了角度就大，遠了角度就小。對應 1 天文單位的角度是 1 角秒，也表示 1 秒差距。

1 角秒是 1°的 1/3600

角度是把一個圓分成 360 等份，每一份就是 1°。1 角秒指的是將 1°分成 3600 等分得到的角。即使三角形的一邊有 1.5 億公里長，角度也仍然很小，所以這個三角形會很長很細。

秒差距與星星的亮度和距離有關

秒差距在計算絕對星等時非常重要。絕對星等是把星星放在 10 秒差距時的亮度。在觀測準確的亮度時，搭配視差的距離，計算起來相當便利。

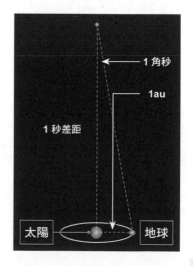

1 角秒

1au

1 秒差距

太陽　　　　地球

小知識 現在的太空望遠鏡，連極微小的視差都能夠準確觀測出來。

343

光年是什麼？

關於光年的知識

光年雖然有「年」字，但它是一個距離單位。

一看就懂！ **3** 個重點

以光的速度為基準的距離單位

「光年」雖然寫成「年」，但它是一個距離單位。光使用 1 年前進的距離就是 1 光年。如果換算成公里，大約是 9 兆 4600 億公里。它能夠表示非常長的距離，所以在標示太陽系外天體的距離時很好用。

和太陽系距離最近的恆星有 **4.2** 光年

離太陽最近的恆星是半人馬座中的比鄰星。它距離地球約 4.2 光年，真的很遠，而且中間沒有任何其他恆星，宇宙真的好大啊。

「宇宙距離尺度」

對於距離大約 300 光年的天體，可以透過觀測周年視差來確定距離。現在，太空望遠鏡甚至可以測量出極微小的周年視差。但碰到更遠的天體時，就只能併用多種方法來測量距離。這種測量方法叫做「宇宙距離尺度」。

比鄰星
NRAOAUINSF; D. Berry

小知識 變光星、超新星都是結合哈伯定律計算出來的。

為什麼大海會潮起潮落？

（關於潮汐現象的知識）

潮汐現象是由月球和太陽的引力所致。

一看就懂！3個重點

大海裡的水被月球和太陽的引力拉動

大家有沒有在海灘上撿過貝殼？退潮時，人們可以在沙灘上撿到各種貝殼或蛤蜊。潮汐現象是指海平面會以 12 或 24 小時為間隔，大幅地高漲和下落。引起這些變化的原因，正是月亮和太陽。

潮起潮落的最主要原因是月球的引力

潮汐是由月球和太陽的引力引起的。太陽的引力使地球圍繞太陽公轉，這種力甚至也影響了大海。但它比月球遠，所以太陽的影響大約只有月球的一半。

在月球拉扯海水的同時，地球的另一面也在受影響

當地球靠月球這一側的水被拉動時，水位升高形成漲潮，另一側離月球較遠，所以引力較弱，水會逃脫月球的引力，結果仍然是漲潮。隨著兩邊的漲潮，90 度角的地方就變成了海平面下降的退潮了。

〈潮汐現象〉

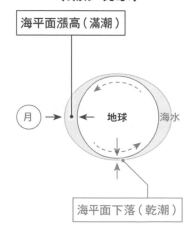

海平面漲高（滿潮）

月　地球　海水

海平面下落（乾潮）

星星

宇宙

行星

地球

太陽

月球

星系

宇宙探索

小知識 當地球、月球和太陽排成一條直線時，它們的引力結合在一起就會引發大潮。

為什麼大海會有波浪？

〔關於引起海浪的機制的知識〕

海裡的波浪翻來覆去，是因為風力的作用引起的。

一看就懂！3 個重點

是風引起了波浪

波浪是由風引起的。所以在有風的日子裡，海浪也會更強。不過，即使是無風的日子，海浪也不會平息。這是因為總有哪裡的海上正颳著風，而波浪具有能夠傳播得很遠的特性。

風浪和涌浪

由吹在海面上的風造成的波浪，稱為風浪。風浪的特點是不規則和形成尖點。而會傳播到沒有風的區域的波浪稱為涌浪。涌浪可以傳播很遠的距離，並在靠近海岸的淺水區後破碎形成大浪。

引起波浪的另一個因素是月球

潮汐是由月球的作用引起的（請參照第 345 頁）。月球和太陽的引力反覆拉扯海水，在海面上造成起伏。扭曲本身會發生恢復原狀的力，這股力量移動了海水，形成了波浪。

〈波濤洶湧〉

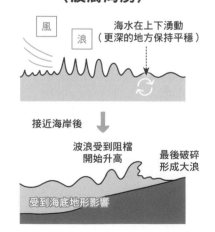

風

浪

海水在上下湧動
（更深的地方保持平穩）

接近海岸後

波浪受到阻擋
開始升高

最後破碎
形成大浪

受到海底地形影響

小知識 2013 年在大西洋觀測到世界上最大的海浪，浪高達 25 公尺以上。

海水總共有多少呢？

關於海水量的知識

海水佔地球上水的 98%，
海水量有大約 14 億立方公里。

一看就懂！**3** 個重點

海水大約佔了地球上所有水量的 98%

海水量約 14 億立方公里。話雖如此，但數字太大了，一般人很難有具體的感受。所以把這個量裝進一個立方體（骰子的形狀）裡，每個邊的邊長將會是 1100 公里。這幾乎是日本青森縣到山口縣的距離了。

如何求出海水的水量？

海底的形狀非常複雜，要準確測量體積非常困難。但可以用平均深度乘以面積，得出一個近似值。太平洋不管在平均深度還是面積上都是世界上最大的海洋。

以地球的大小來說，海水量並不算多

如果我們把地球縮小成一個直徑 1 公尺的球來計算，海水的量其實不到 700 毫升。在這個縮尺下，海洋的平均深度不到 0.3 公釐，即使是世界上最深的馬里亞納海溝，深度也不到 1 公釐。

〈地球的水資源〉

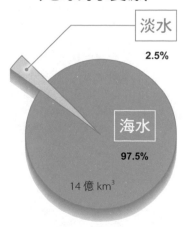

淡水

2.5%

海水

97.5%

14 億 km³

星星　宇宙　行星　地球　太陽　月球　星系　宇宙探索

小知識　有些科學家認為，海水會逐漸滲入海底，數億年後大海將會消失無蹤。

347

海底最深的地方在哪裡？

（關於深海的知識）

世界上最深的深海區域是馬里亞納海溝的挑戰者深淵。

一看就懂！ 3 個重點

世界上最深的海洋超過 1 萬公尺（10 公里）深
即使把世界第一高峰珠穆朗瑪峰倒過來，也還沒辦法碰到世界最深的海底。這個地方是日本以南約 2900 公里的馬里亞納海溝，它最深處的地方叫做挑戰者深淵。

深海是由板塊碰撞形成的
馬里亞納海溝是太平洋板塊下沉到菲律賓海板塊以下的地方造成的。它一開始向下傾的角度很平緩，但角度逐漸加大，幾乎垂直俯衝向地球內部。這個地形創造出世界上最深的海域。

這個深度是怎麼測量出來的？
這是透過聲波從海底反射回來的時間計測出來的。1951 年，英國「挑戰者八世號」在用聲納探測過後，又將一根重約 64 公斤的鋼琴弦垂到海底，證明了聲納的計測準確性。

〈海的深度〉

富士山（3776m）

2000 m
4000 m
6000 m
馬里亞納海溝
8000 m
10000 m

挑戰者深淵（10,920m±10m）

左側欄：星星　宇宙　行星　地球　太陽　月球　星系　宇宙探索

小知識　去過 1 萬公尺深海的人，比去過宇宙的人少得多了。

生命是在海洋裡誕生的嗎？

關於「母海」的知識

就像「母海」2個字所代表的意思，一切生物都起源於海水中所含的物質。

~~~~~~~~~ 一看就懂！**3**個重點 ~~~~~~~~~

構成生物體的所有成分都包含在海水中

海洋形成之前的地球，仍處於溫度超過 1000 ˚C 的惡劣狀態，完全不存在生命。生命的起源雖然還有很多未解的謎團，但構成生物體的所有成分，海水裡都有，這點不會有錯。

蛋白質是在海中形成

生物體的最基本成分是蛋白質。蛋白質是由一種叫做氨基酸的物質聚合組成，而氨基酸主要由碳、氫、氧和氮等 4 種原子組成。當它們在海中聚合，生命就由此誕生了。

最早的生物是單細胞生物

大約 40 億年前出現的第一個生命，是由只有一個細胞構成的單細胞生物。後來出現了能夠進行光合作用的生命體，讓大氣中累積許多氧氣。後來才出現了多細胞生物，但目前仍無法探知多細胞生物是怎麼出現的。

第一個細胞出現在海洋中。它們用像細菌（單細胞）一樣的形態度過了約 30 億年，多細胞生物大約在 6 億年前出現。後來才開始登上陸地。

小知識 血液和海水的成分幾乎相同。生物體內組織液的礦物質成分，與海水也幾乎相同。

海底熱泉是什麼？

關於海底熱泉眼的知識

它是深海底的裂縫，源源不絕地噴出地熱加熱過的熱泉。

一看就懂！**3**個重點

噴出被岩漿加熱的熱水的地方

顧名思義，這是從海底噴出熱水（溫泉）的洞。噴出的熱水瞬間被海水冷卻，金屬成分會沉澱落下，堆積在泉眼周圍，形成像煙囪一樣的結構，有時候大小可達幾十公尺。

留存到現代的生命起源舞台

在水壓很大的深海中，水的沸點不是 100℃，而接近 400℃。有許多物質在暴露於高溫狀態時，會發生各種化學變化。主流理論認為，最早的生命就誕生在這樣的地方。

深海中的綠洲──海底熱泉眼

在「煙囪」的周圍密布著許多蝦、蟹等生物。在日光照不到的深海中，以熱水中富含的物質為能量形成的營養，微生物開始出現，一步步發展出這裡獨特的生態系。

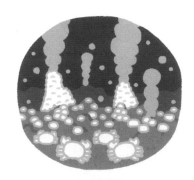

海底熱泉眼

小知識 許多生活在光線無法到達的深海中的蝦和螃蟹，身體都呈現沒有色素的白色。

海水有特定的流向嗎？

關於洋流的知識

洋流是海水在全球規模地恆常朝一個方向流動的現象。

一看就懂！**3**個重點

洋流是海水以全球規模的水平流動的運動總稱
洋流會長時間地幾乎都朝一個方向流動。它們大致分為從赤道向南北極方向流動的暖流，以及完全反方向流動的寒流。雖然潮流也是一種類似的現象，但潮流每一段時間過後就會變動，周期性較短。

形成洋流的主要原因是風和地球的自轉
洋流主要受太平洋赤道一帶自東向西吹的信風，以及主要在南北半球中緯度地區自西向東吹的偏西風影響較大。另外，由於地球的自轉，洋流在北半球是順時針流動，在南半球則是逆時針流動。

黑潮（暖流）和親潮（寒流）
在日本南部海岸，有世界上數一數二的強烈暖流——黑潮。還有相對的寒流——親潮、自日本海一路北上的對馬海流、沿北海道經日本海一側向南的三角江海流等寒流相伴。暖流與寒流的碰撞，造就了日本豐饒的漁場。

〈世界上的洋流〉

①黑潮　　　　　　⑤赤道逆流
②親潮　　　　　　⑥南赤道洋流
③北太平洋洋流　　⑦南印度洋流
④北赤道洋流

資料來源：日本氣象廳
（ https://qr.paps.jp/f2NHn ）

星星　宇宙　行星　地球　太陽　月球　星系　宇宙探索

小知識　由於鹽度和海水溫度的差異，會引起海水的縱向循環現象。

火星上有火星人嗎？

（關於火星人的知識）

在 19 世紀末和 20 世紀初，人們誤信有火星人的存在，導致引發全美國大規模的恐慌。

一看就懂！ **3** 個重點

火星上有運河！所以有火星人！

義大利天文學家斯基亞帕雷利（Giovanni Virginio Schiaparelli，1835 ～ 1910）在他詳細的火星草圖中將幾個線性結構稱為「水道」。但在英文中被誤譯成「運河」，導致人們相信火星上存在能夠建造運河的火星人。

一位相信火星運河理論的美國富豪

信奉火星運河說的美國富豪帕西瓦爾·羅威爾（Percival Lawrence Lowell），私人投資建立天文台，致力於火星觀測。然而，直到他過世前，都無法得知是否有火星人存在。當時不僅是他，一般大眾都相信火星人的存在。

收音機廣播劇在美國引發大規模恐慌

英國科幻作家威爾斯（H. G. Wells）的《世界大戰》廣播劇於 1938 年在美國播出，聽眾紛紛驚慌失措，以為「貌似章魚的火星人正在進攻地球」。因為他們相信火星人的存在，才會輕易陷入恐慌。

威爾斯根據科學想像出來的火星人

小知識 很可惜，火星探測器並未在火星上發現任何生命存在的跡象。

太陽系中存在其他的生命嗎？

關於太陽系中存在生命體的知識

有人猜測一些行星可能存在或可能存在過生命，但目前還無法證實。

一看就懂！**3**個重點

和地球相鄰的金星是一個灼熱的地獄世界

金星表面半均溫度為 464℃，而且大氣壓力是地球的 90 倍。然而在 2020 年，金星上發現了一種類似地球上微生物產生的磷化氫氣體。如果是生活在 50 公里高空的「飄浮在空中的生命體」，說不定就可能存在。

有可能曾經存在生命的是火星

火星有堅硬的地殼，以及 -63℃ 的極低平均表面溫度。所以它是一個像沙漠般荒涼而寒冷的世界。不過，在遙遠的過去，火星地表上曾有水流經過，表示溫度足以讓生命蓬勃發展，說不定在未來能找到生命存在的痕跡。

木星和土星的衛星也有可能

木星的衛星木衛二和土星的衛星土衛二，在覆蓋地表的冰層下似乎存在液態海洋。土星的衛星土衛六還擁有液態甲烷的海洋和甲烷氣體大氣層，有可能存在和地球生命不同系統的生物。

火星岩石上有水流過的痕跡。據推測，火星從前有厚厚的大氣層，氣候既溫暖、又有河流和海洋等水循環的環境

星星 宇宙 行星 地球 太陽 月球 星系 宇宙探索

適居帶是什麼？

（關於適居帶的知識）

指適合生命誕生、發展的行星，其表面到本身所屬的恆星之間的距離範圍。

一看就懂！ 3 個重點

Habitable 的意思是「居住」（生活在某個地方）
適居帶在日文中意指「生命居住可能領域」或是「生存可能圈」。為了誕生生命，行星必須從所屬的中心恆星接收能量，行星本身不能太熱也不能太冷，水必須能夠以液態形式存在。

在太陽系中，只有地球符合
如果不能從中央恆星接收到足夠的能量，讓水以穩定的液態存在，含有生命基礎物質等有機物的水被凍結，有機物無法聚合，生命也就無法誕生了。如果中心恆星比太陽亮，則適居帶會離它更遠，如果比太陽更暗，適居帶就會更靠內一點。

截至 2020 年，太陽系外已發現約 20 個適居帶行星
如果能找到一顆位在適居帶內的岩石行星，它就有可能是第二個擁有大陸和海洋以及某種生命形式的地球。

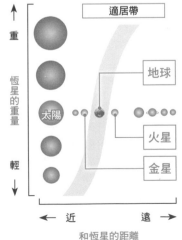

小知識 以探測系外行星為目標的克卜勒衛星，正在尋找可能成為第 2 個地球的行星。

太陽系中最有可能存在生物的行星是？

（關於太陽系內生物的知識）

雖然遠離適居帶，以最可能存在生物來說，應該要算木星的衛星木衛二。

一看就懂！3個重點

液態水（海）內部被冰覆蓋的可能性
木衛二由天文學家伽利略於 1610 年發現，它是木星的第二顆衛星。它的體積比月球略小，表面覆蓋著冰層。據信，冰層下方是深度超過 100 公里的海洋，也觀測到有水噴出地表的狀況。

能量源自潮汐加熱
由於來自木星和其他衛星的引力，木衛二上的水也受到像地球和月球之間潮汐現象般的拉扯，在持續的變形潮起潮落一樣相互拉扯，在不斷變形（摩擦）下產生熱能。它雖然遠離適居帶，這股熱能卻有可能成為能量源。

海底可能存在火山或海底熱泉
木衛二的海底可能像地球一樣，存在海底火山或海底熱泉。在地球上，海底熱泉很可能是生命的起源地。事實上，地球的海底熱泉周圍可以看到各種各樣的生物，所以木衛二的海底有可能會存在生命。

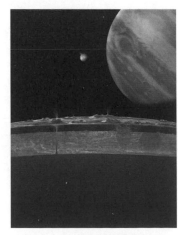

木衛二地表的想像圖

德雷克公式是什麼？

（關於外星人公式的知識）

德雷克編寫了一個方程式，用來計算人類與宇宙智慧文明接觸的可能性。

一看就懂！3 個重點

綜合 7 個條件來判定可能性高低的方程式

銀河系內有可能接觸的智慧生命體文明數量，由「銀河系內恆星形成的數量」、「擁有行星的恆星比例」、「適宜發展生命的行星的比例」、「可能發展出生命的比例」、「生命進化為智慧生命體的可能性」、「存在通訊能力並可以通訊的可能性」、「該文明的平均壽命」等 7 個因素而定。

數十億顆類地行星

由於對宇宙認知的限制，每個人都只能對種種要素進行推論。在公式中，才算到第三項，適居帶內的類地行星就已經有數十億顆了。

7 個要素中，4 以後的內容太難以確定

然而，關於這七大要素仍有許多未解之謎，尤其是最後一個要素「該文明的平均壽命」，即使是地球上的文明壽命，對我們來說也是未知數。距離遠得從幾光年到幾百光年外的行星，想互相通訊可是要花上 2 倍的光年。

〈德雷克公式〉

$$N = R_* \times fp \times ne \times fl \times fi \times fc \times L$$

R* 銀河系內恆星形成的數量

fp 擁有行星的恆星比例

ne 適宜發展生命的行星的比例

fl 可能發展出生命的比例

fi 生命進化為智慧生命體的可能性

fc 存在通訊能力並可以通訊的可能性

L 該文明的平均壽命

小知識 天文學家認為「外星智慧文明應該有很多才對」，因此孜孜不倦地尋找外星人。

搜尋地外文明計畫是什麼？

關於 SETI 專案的知識

人類推動了一個以捕捉來自外星人的信號為目的的計畫。

一看就懂！**3**個重點

搜尋地外文明計畫（SETI）
SETI 是一個由加州大學伯克萊分校推動的計畫，目的在於發現地球外的生命。計畫致力於研究無線電望遠鏡收集到的宇宙觀測數據，從中搜索是否存在智慧文明發射的無線電信號。

SETI@home 已有數百萬志願者加入行列
SETI@home 讓人們能夠用自家的電腦像 SETI 一樣分析無線電波數據。全世界有數以百萬計的志願者用他們自己的電腦參與。SETI 會收集並分析由世界各地電腦所計算出來的結果。

2020 年 3 月 31 日計畫中止
SETI@home 已於 2020 年 3 月 31 日停止。該計畫宣布，未來他們會專注於分析收集到的數據。不過至今都沒有取得任何可以稱為外星信號的東西。

SETI@home 的招募說明頁。參與者可以由此下載無線電望遠鏡的數據，運用程式來進行分析。

星星
宇宙
行星
地球
太陽
月球
星系
宇宙探索

我們的訊息能夠傳到太陽系之外嗎？

關於先鋒號探測器的知識

宇宙無人探測器先鋒號 10 號和先鋒號 11 號都攜帶了來自地球的信息。

一看就懂！3 個重點

宇宙無人探測器先鋒號 10 號和 11 號

1972 年，雙胞胎探測器先鋒號 10 號和先鋒號 11 號發射升空。它是 1977 年發射的航海家號的前任機種。這兩艘探測器代表人類首次造訪木星和土星。完成任務後，它飛向了更遠的太空。

機上搭載了特殊的金屬板

考慮到外星人有可能發現哪一架飛越行星空間的探測器，所以兩架探測器都附有特殊的金屬板，上面刻印了太陽和地球的位置以及人類男女的圖像，目的在於宣告人類的存在。

這個想法來自卡爾・薩根

航海家號宇宙探測器也攜帶了一塊描繪地球在銀河系中位置的金屬板，以及一張充滿地球音樂和聲音的「金唱片」。這些是卡爾・薩根（Carl Edward Sagan，1934 ～ 1996）的想法，他是一位活躍於各個宇宙相關領域的科學家。

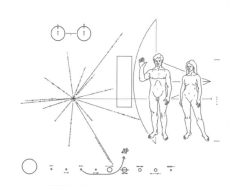

搭載在探測器上的訊息

小知識 如果先鋒號或航海家號能被某處的外星人發現就好了。

太空人為什麼要吃太空食物呢？

（關於太空食物的知識）

是為了能在充滿限制的環境中確保身體健康，提高工作積極性和效率。

一看就懂！3個重點

在充滿限制的環境中仍能夠美味又安全
國際太空站非常小，沒有冰箱或足夠的烹飪設施，而且那裡是無重力狀態。在如此受限的環境中，為了能做到美味、安全，還要能夠很容易獲得必需的營養，太空食物從衛生、營養、質量、安全等方面都下了許多功夫。

促使太空食物發展的關鍵之一，「麵包屑事件」
最早的太空食物是裝在管子裡的液態食品。不想吃這種食物的太空人把三明治藏在口袋裡帶上宇宙，但麵包屑飛散很可能會造成機器故障，導致了太空食物的改良進步。

也包括平常會在超市出售的食品
到了現在，太空人已經能夠有和地球上一樣的菜單，也有一般超市裡在販售的食品。不過，會特別使用粉狀或液體不會散出的包裝，或把水分較多的食物處理得更黏稠等等。

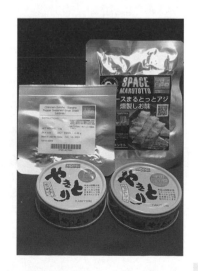

小知識 太空食物還具有緩解壓力、提神醒腦的作用。

星
星

宇
宙

行
星

地
球

太
陽

月
球

星
系

宇
宙
探
索

太空食物是
怎麼製作的？

（關於製作太空食物的方法的知識）

要為國際太空站製作太空食品，必須符合
國際太空站食品計畫的標準。

一看就懂！ 3 個重點

國際太空站食品計畫（ISS Food Plan）的標準
食品雖然已經有《食品衛生法》加以約束，但太空食物的製作標準更加嚴格。衛生方面不必說，還要求能夠高效獲取營養等品質和安全層面，也需要能在室溫下保存一年半，因此太空食物大多是密封包、罐頭或冷凍乾燥食品等等。

JAXA 的認證
國際太空站的標準餐裡也包括了符合國際太空站食品計畫標準的拉麵、咖哩等日本食品。此外，在日本類太空食物中的零食，如果食品製造商提出的食品符合日本太空食品認證標準，JAXA 也會給予認證。

未來將能在食物上自給自足
在太空食物方面，農作物的水耕和噴霧栽培、昆蟲食品和人造肉，以及 3D 印表機的使用等等，自給自足和未來食品的研究也不斷開發進步。有望運用在災難期間的應急口糧以及月球和火星的探測旅行上。

國際太空站蔬菜種植的想像圖

小知識 納豆因為會拉絲，所以被列為減分食材，沒有被當時的 NASA 批准。

太空食物要怎麼運送到太空呢？

關於運送太空食物的知識

連同研究材料和日用品，
自日本以宇宙無人傳送載具運向太空。

一看就懂！ **3** 個重點

從日本來的送貨員是一隻鶴？！

「白鸛號」（HTV，H-II 傳送載具）是日本無人太空傳送載具的暱稱，它負責向國際太空站運送研究材料和衣物等生活必需品。憑藉世界上最大的補給能力，除了一般的太空食物和水之外，還運送蘋果和橘子等生鮮食品。

來自種子島太空中心的 H-II B 火箭

載滿了太空食物的「白鸛號」會被裝載到 H-II B 火箭上，從鹿兒島縣的種子島宇宙中心發射升空。生鮮食品則是到發射前一刻才以特殊的裝載流程加上。

自 HTV 到 HTV-X

在 2009 ～ 2020 年間，「白鸛號」1 ～ 9 號機在完成補給任務後，與不需要的物品一起重新進入大氣層，迎接燃燒銷毀的結局。不過，後繼機種 HTV-X 在補給後，還會執行別的任務。

小知識 以前也發生過外國太空貨船發射失敗，在大氣層燃燒起火的例子。

在太空中怎麼取得水？

（關於國際太空站怎麼儲水的知識）

國際太空站使用從補給船等地球運來的水，
連小便也會回收處理成水來喝哦。

一看就懂！3 個重點

寶貴的水一滴都不能浪費

水在太空中非常珍貴。水由補給船運到國際太空站，飲水和用餐時，為了避免水滴飛散，會從供水裝置灌入軟水壺中。此外，使用過的水、汗水和尿液也會回收淨化後作為飲用水。

像一個小型地球般讓水循環

在地球上，污水處理廠淨化後的水流入河流和海洋，海水蒸發變成雨雲，再回到大地。在國際太空站上，水就像在一個小地球上似的循環，跟飲用水處理廠淨化過的水一樣。

有效利用空氣中的水分

在國際太空站內進行除濕而獲得的水（冷凝水），也被電解用來產生氧氣或循環作為飲用水。飲用水會添加碘和銀消毒，以防止細菌滋生，能夠安心使用。

小知識 據說從地球運到國際太空站的水，成本分攤下來，每一杯都價值 30 ～ 40 萬日元。

在太空中也能泡澡嗎？

（關於在太空裡洗澡的知識）

不會辦不到，但既困難又危險。
國際太空站上用的是節能節水的淋浴系統。

一看就懂！ 3 個重點

有損壞機器或因水滴窒息的危險

在零重力空間中，水不會向下流動，也不會積聚在容器中。如果想像在地球上那樣泡澡，大大小小的水滴和水團會飄得到處都是，有可能堵住口鼻，造成溺水的危險。機器也可能會因此壞掉。

國際太空站上的「淋浴」是用紙巾擦澡

在國際太空站上，用浸泡肥皂後乾燥處理過的紙毛巾沾溫水擦拭身體，就叫做「淋浴」。洗頭時則是用一點點水沾溼，灑上乾洗粉，用毛巾擦乾，再用特製的不織布按摩頭皮。

光是擦掉水滴就要花 1 小時的淋浴

以前的太空站淋浴室，要戴護目鏡和鼻塞才能進去，排水時是用風扇把廢水吸走。洗完後，光要擦乾身體上的水珠就要花 1 小時，一點也不舒服。

小知識 刷牙時，用的是吃進去也沒關係的醫療護理用牙粉。

在太空中要
怎麼上廁所呢？

關於太空廁所的知識

大號時是用一個直徑 10 公分洞的馬桶，
便便會被吸進專用的密封袋裡。

一看就懂！**3**個重點

用抽風扇抽吸便便和異味

國際太空站上的廁所是寬和深各約 1 公尺的男女共用間，有大號用的馬桶和小號用的軟管。打開馬桶蓋時，抽風扇就會轉動產生吸力。便便出來後就經過直徑 10 公分的馬桶洞，被吸進專用的密封袋裡。

在大氣層和垃圾一起燒掉

袋子被密封後，便便會被乾燥儲存在專用廢物艙裡。廢物艙最後會裝載到地球來的補給載具上，和其他廢物一起進到大氣層燃燒消失。

出發前就要練習上太空廁所

國際太空站上的重力很小，人會很容易便秘，要讓身體坐著、腳踩地上也很辛苦，腳尖還得套進地板上的固定帶才能保持姿勢。在出發前往宇宙之前就要開始接受訓練，學習怎麼使用這個世界上最貴的馬桶。

小便吸槽

馬桶座

小知識 國際太空站首度採用通用設計，讓女性也能夠方便使用。

在太空中就使不出力氣了嗎？

（關於對肌肉造成的影響的知識）

太空中，引力的影響微弱，
所以肌肉會變得消瘦。

一看就懂！ 3 個重點

低微的引力減輕了肌肉的負荷

在地球上，我們會不自覺地使用肌肉來對抗永遠存在的引力。另一方面，在重力較弱的太空中，不需要將身體撐直或用腿行走，減輕了肌肉的負荷。所以在太空待久了，肌肉會消瘦，體重也會下降。

不使用肌肉的話，身體機能也會低下

即使在有引力的地球上，長期臥床不動的話，身體也會消瘦、機能下降。 除了骨骼肌外，在內臟器官、血管壁和心臟中也發現了一半左右的抗重力肌肉。

每天運動 2 小時來保持肌力

為了防止肌肉無力，有必要採取均衡的飲食和積極活動身體、進行訓練。國際太空站設有能夠固定身體一處來使用的跑步機、自行車等等特殊的訓練設備，太空人們每天會運動大約 2 小時。

把身體固定好，確保不會浮起來後，
就能跑步或使用健身器材鍛煉

小知識　只要在太空中待短短 5 天，最多有可能損失 20% 的肌肉量。

太陽的壽命有多長？

（關於太陽的一生的知識）

它會發光約 100 億年，之後依順序變成一顆紅巨星、星雲和一顆小小的星星。

一看就懂！ 3 個重點

又大又重的星星特別亮

恆星是因為氫變成氦的核融合反應產生出來的能量而放出光芒。一顆大恆星聚積了大量的氫，而氫與彼此的引力影響，作用會愈來愈快。所以含有大量氫的重星會明亮又短命。

小而輕的星星暗淡很多

小恆星由於收集不到太多氫，核融合反應是緩慢進行的。所以小的星星雖然光芒暗淡很多，但壽命會比較長。

如果和太陽差不多大的呢？

據說一顆和太陽差不多大小的恆星，壽命大約是100 億年。自出生以來，過了 100 億年後，它會逐漸膨脹，變成一顆巨大的紅色星星（紅巨星）。接著，再變成了行星狀星雲，最後成為跟地球一樣大小的小星星（白矮星），隨著時間推移，恆星逐漸冷卻下來，而後結束它的一生。

由龐大數量的氣體和星際雲所形成的
獵戶座大星雲
© 日本國立天文台

小知識　太陽冷卻下來後，會變成氣體和塵埃，成為下一顆恆星的原料。

比太陽更大的恆星，它的一生是怎樣的呢？

關於巨大恆星的一生的知識

巨大恆星走到生命盡頭時，會發生超新星爆炸，甚至有可能變成黑洞。

一看就懂！ 3 個重點

恆星生自氣體和塵埃

聚集起來的氣體和塵埃形成了星際雲，氣體聚集後壓力增大，自身重量再進一步向內收縮，在中心部分引發了核融合反應，一顆恆星開始放出光芒。恆星的大小就是它收集的氣體的重量。而恆星的壽命就由這個重量來決定。

恆星的大小和重量決定了它的壽命

根據恆星的大小和質量，大致就決定了它的壽命。如果條件和太陽差不多，壽命就是 100 億年。如果是太陽的 2 倍大，壽命是 10 億年，5 倍大的話，壽命就只有 1 億年左右了。

巨大恆星的結局將會是超新星爆炸

質量有太陽的 8～25 倍的巨大恆星，壽命會縮短到幾百萬至幾千萬年。它的最後階段，會引發超新星爆炸。星體的大部分都會被吹開逸散，在中心處會留下一顆質量超級高的星星——中子星。如果是質量超出太陽 25 倍以上的恆星，在超新星爆炸後，由於引力過大，連光都無法逃逸，最後成為黑洞。

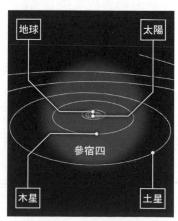

大到跟木星公轉軌道相當的參宿四，很可能發生超新星爆炸

小知識 獵戶座中的參宿四由於很可能發生超新星爆炸，於是成了熱門話題。

超新星爆炸是什麼？

關於超新星爆炸的知識

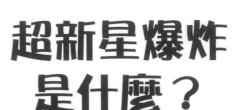

超新星爆炸是發生在大恆星生命末端的大爆炸。

一看就懂！ 3 個重點

顯示恆星已進入生命末端的紅巨星

超新星爆炸是能夠自體發光的恆星在生命最後時發生的爆炸。宇宙中的氣體聚積，因氣體本身的引力開始產生核融合反應，恆星就此誕生。接著當一顆中型或更大的恆星的生命接近尾聲，它會逐漸變大變紅，成為紅巨星或紅超巨星。

紅巨星將邁向爆炸

一顆與太陽大小（質量）差不多的恆星會依序變成紅巨星、行星狀星雲，然後變成小小的白矮星。如果大小超過太陽的 8 倍，它將會變成紅超巨星，引發更大的爆炸。這就是所謂的超新星爆炸。

恆星的末日是新星？！

明明是生命終結時發生的爆炸，卻叫做「新星」，是不是很不可思議？那是因為天空中原本看不到星星的位置，突然出現了一顆星星，所以人們以為那是新誕生的星星。古時候，在日本鎌倉時代藤原定家所寫的《明月記》中，就有寫到關於超新星爆炸的事。

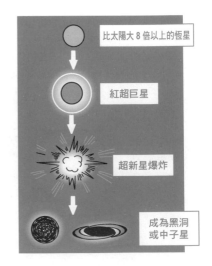

比太陽大 8 倍以上的恆星

紅超巨星

超新星爆炸

成為黑洞或中子星

小知識 在超新星爆炸之後，恆星將變成中子星或黑洞。

從地球到星星的距離有多遠？

（關於和星星的距離的知識）

可以三角測量法、恆星顏色、變星、超新星和銀河速度來測量距離。

一看就懂！ 3 個重點

較近的恆星可以使用三角測量的原理來計算

由於地球在直徑約 3 億公里的軌道上運行，在半年後地球移動 3 億公里時，可以測量看到恆星的方向（角度）變化了多少。這叫做「周年視差」。而恆星愈遠，角度就愈小。

用星星的顏色來測定距離

從星星的顏色中，可以計測出它的真實亮度。根據星星所在地真實的亮度和地球上觀測的視覺亮度之間的差異，也能夠算出距離。如果是要計算某個星系的距離，可以把該星系中的超新星當成參考亮度來計算距離。

遙遠的星系可以用它退後的速度來計算

要找出遙遠星系的距離時，就可以使用星系移動的速度來計算。因為宇宙在膨脹，所以當它的位置愈遠、退後的速度就愈快，可以根據這個速度確定距離。速度是透過恆星的顏色偏離其真實顏色的程度來衡量的。

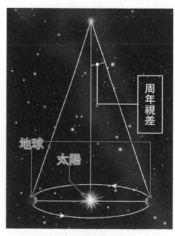

周年視差

地球

太陽

© 日本國立天文台

小知識　周年視差是德國天文學家貝塞爾（Friedrich Wilhelm Bessel）所發現。

星星
宇宙
行星
地球
太陽
月球
星系
宇宙探索

有沒有由鑽石組成的星星呢？

關於鑽石星球的知識

巨蟹座中，圍繞恆星運行的行星可能就是由鑽石構成的。

一看就懂！ 3 個重點

距離地球 40 光年的巨蟹座 55 周圍的行星

據調查結果顯示，巨蟹座 55 周圍的其中一顆行星，有可能是由鑽石構成的。據信這顆行星主要由碳構成，內部的碳在巨大的環境壓力下變成了鑽石。

這顆行星好比一顆超級地球（巨型類地行星）

它的半徑是地球的 2 倍，質量是地球的 8 倍，是一顆相當大的「超級地球」。這顆行星的一年相等於地球時間的 18 小時，以相當快的速度繞著恆星公轉，行星的表面溫度約為 2150°C。

怎麼知道行星內部是鑽石呢？

它的主星巨蟹座 55 所含的碳多於氧，這是很久以前就已經觀測到的。因此，形成周圍行星的成分中，據信也會有很多的碳。在這種環境下形成的行星，應該會有鑽石的。

圍繞巨蟹座第 55 顆恆星運行的行星

地球

繞行巨蟹座 55 的行星對比地球的直徑

小知識 據說圍繞巨蟹座第 55 顆恆星運行的行星上，鑽石的蘊含量相當於 3 個地球。

我們也能為星星取名字嗎？

關於星星的名字的知識

有些星星可以用自己的名字來命名，
也有能夠取自己名字的天體。

一看就懂！3個重點

能夠取成自己名字的星星——彗星
有些星星是可以用自己的名字來命名的，那就是彗星（也叫做掃把星）。彗星會自動以發現者的名字來命名（按發現順序，最多3人）。比如1965年發現的「池谷·關彗星」，就是包含了2位發現者的名字。

可以自己取名字的小行星
有小行星被新發現時，學會會為它分配一個編號。而發現者則擁有對小行星的名字提案的權利。但有一些限制，像是「必須在16個字母以內」、「必須要能夠發音」等等。

有些公司聲稱可以出售星星命名權，但……
負責為星星命名的國際天文學聯合學會（IAU）表示，「以這種途徑命名的星星，並不受官方認可，也不具公認地位。夜空的美，應該是所有人免費自由享受的。」

池谷·關彗星

小知識 關先生（關勉出生於高知縣）發現的小行星們，會取上諸如「龍馬」等等與高知縣有關的名字。

阿拉伯語和星星的名字有什麼關聯？

關於星星的名字之謎的知識

很多星星是在伊斯蘭帝國的阿拉伯天文學中命名的，所以有很多阿拉伯語的典故。

一看就懂！3 個重點

天文學流傳到了伊斯蘭帝國

接續古希臘人和羅馬人，伊斯蘭帝國繼承了許多關於星星的知識，也造就了阿拉伯天文學的發達。10 世紀，敘利亞天文學家巴塔尼（Bhattani）將 489 顆恆星的位置編列成表。

星星的名字來自阿拉伯語

以冬季星座聞名的獵戶座，名字是來自希臘神話中的一位巨人獵手。 另一方面，獵戶座的 1 等星參宿七的英文名 Rigel A，據說是阿拉伯語中「腳」的變體，它就位於獵戶座的左腳位置。

星座名來自古代神話

金牛座等 12 個星座的名稱和行星的名字，是在古羅馬承襲古希臘天文學後，在古羅馬時代命名的，所以很多都是古希臘、古羅馬神話中神祇的名字。

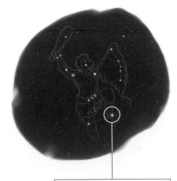

獵戶座的參宿七

小知識 巴塔尼計算出了一年是 365 天 5 小時 46 分 24 秒。

地球的大氣層是怎麼一回事？

（關於大氣層成分的知識）

自地表開始分為五層：對流層、平流層、中氣層、增溫層和外氣層。

一看就懂！ 3 個重點

大氣的每一層溫度都不同，人類生活在對流層的底部
對流層包含自地面到 11 公里高空，它含有大氣中 80% 以上的氣體分子，結雲下雨的氣候現象就發生在這裡。在對流層中，空氣被地球表面加熱，所以海拔愈高，溫度愈低。航空客機就是飛在平流層的邊界。

平流層臭氧層無法消除
平流層位於對流層上方，高度以 50 公里為界線。在高約 25 公里處分布著臭氧層，它會吸收來自太陽的紫外線，保護我們不至於曬傷和皮膚癌。由於臭氧吸收了很多紫外線，所以海拔愈高，溫度愈高。

海拔愈高，大氣就愈稀薄，直到進入太空
中氣層可達 80 公里高。高度以 500 公里為界的增溫層會吸收來自宇宙的伽馬射線和 X 射線，在大氣層中是最高溫的一層。到這個位置，就是流星燃盡和極光閃爍的地方。再更外側的外氣層，是大氣會逸散到太空的位置，那裡還有人造衛星在繞著地球轉。

〈大氣的五層和高度〉

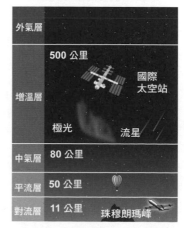

外氣層	
增溫層	500 公里　國際太空站
	極光　流星
中氣層	80 公里
平流層	50 公里
對流層	11 公里　珠穆朗瑪峰

小知識 對流層和平流層的高度會因緯度和季節而變動，因此這些數字是粗略估計。

373

星星
宇宙
行星
地球
太陽
月球
銀河系
宇宙探索

空氣是由什麼組成的呢？

（關於空氣成分的知識）

在 20°C 的狀態下，空氣的體積由 78% 的氮氣和 21% 的氧氣組成。

一看就懂！**3** 個重點

繚繞著的大氣被稱為「空氣」

空氣的主要成分是 78% 的氣態氮分子和 21% 的氧分子。剩下的 1% 是其他氣體，佔比依次為氬氣、二氧化碳、一氧化碳、臭氧、甲烷、氫氣。這個成分比例到約 80 公里的高度幾乎都不變。

空氣的成分分析是以乾燥空氣為樣本

事實上，水蒸氣是第三多的。然而，空氣中所含的水蒸氣含量會因為所在地區和季節的不同而有很大的差異，從 0% 到 3% 不等。所以在討論空氣的成分時，會假設空氣是乾燥狀態，而且不含任何水蒸氣。

細小的固態或液態顆粒──氣溶膠

空氣中含有許多極為細小的顆粒──氣溶膠粒子。像是從海裡蒸發的鹽粒、從地面揚起的灰塵、火山灰、空氣污染物等。氣溶膠會反射或吸收陽光，對天氣和氣候形成影響。

【空氣的成分】

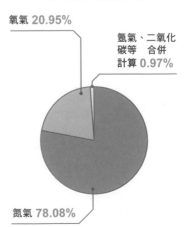

氧氣 20.95%

氬氣、二氧化碳等　合併計算 0.97%

氮氣 78.08%

小知識 導致全球暖化的二氧化碳，在大氣中只佔了 0.04% 的含量。

地球的氧氣是什麼時候出現的？

（關於空氣裡的氧的知識）

由生物體透過光合作用開始產生，並於約 25 億年前在大氣中增加。

一看就懂！**3** 個重點

地球形成時，大氣層的成分與今天完全不同
地球最初的大氣富含水蒸氣和二氧化碳，覆蓋地球的二氧化碳比今天多 20 萬倍。當熾熱的地球表面冷卻時，水汽變成雨水降下，形成海洋，大量二氧化碳溶入海水，在大氣中的含量就降低了。

氧氣會迅速與其他物質結合
大約 35 億年前，水在紫外線照射下開始分解成氫和氧。不過，大氣中的氧立刻就與鐵和礦物質結合，使得大氣中的氧並未因此增加。當時的氧含量幾乎為零，是現在的百萬分之一左右。

氧氣透過生物的光合作用而增加
藍藻在大約 25 億年前開始了光合作用，氧氣因此迅速增加。光合作用是生物中的葉綠體用陽光來從二氧化碳和水中產生糖等等，同時產生氧氣的過程。直到大約 6 億年前，氧氣才變得像今天這樣豐富。生物透過光合作用產生大量氧氣，增加了空氣中的氧含量。

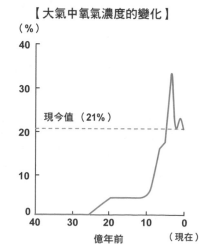

【大氣中氧氣濃度的變化】
（％）

現今值（21%）

億年前　（現在）

小知識　考察古老地層中的岩石，就能從岩石的成分了解大氣層的變化。

為什麼空氣不會不見呢？

關於空氣這種氣體的知識

雖然空氣感覺很輕，但因為有地球引力在牽引它，所以不會不見。

一看就懂！3個重點

空氣中的氣體分子四處飛舞，以極快的速度飛出地球

由於有地球引力牽引著，空氣並不會逃逸到宇宙去。不過，氫和氦實在太輕了，所以會上升散逸到宇宙。空氣中的氣體分子會飛來飛去，愈輕的分子速度愈快。

重要的是地球的溫度不能太高

此外，氣體的平均速度會因為溫度升高而變得更快。以地球表面的平均溫度來說，整體保持溫暖的狀態，氧氣和氮氣不會釋放到太空中。可是如果太陽變得更亮，地球變得更熱，氣體的速度就會增加，能逃脫地球引力的氣體分子數量就會增加。

雖然太陽風會把大氣吹走，但不會造成影響

增溫層永遠保持在高溫狀態，有時候高能量的太陽風會撞上增溫層而把大氣噴向太空。但是增溫層中的大氣非常稀薄，不會再繼續變少了。

從地球上方鳥瞰雲層和大氣層

小知識 太陽風是太陽以磅礴的力量吹出的等離子。

為什麼到山頂上，空氣就會變得稀薄？

(關於地面上的空氣的知識)

這是因為低處聚積了很多空氣分子，而高處的空氣分子比較少。

一看就懂！ 3 個重點

大氣層下部的空氣密度和大氣壓力都較大
密度是指相同體積中分子的數量。空氣分子會聚集在高度較低的空間。以空氣的分布來說，在較低的大氣中會更加密集。至於大氣壓力，為了支撐上方氣體的重量，也是底部的大氣壓力較高。

空氣變得稀薄會發生什麼事？
當人爬上一座山，空氣變得稀薄時，即使吸入同樣數量的氧氣，氧氣量也會比較少，會導致呼吸困難。由於頭頂上方的空氣分子較少，大氣壓也會較低，如果身上有帶密封的糖果袋，袋內壓力比外面的大，袋子會整個鼓起來。

珠穆朗瑪峰頂的空氣有多稀薄？
在海拔 8849 公尺的地球最高峰珠穆朗瑪峰的山頂，大氣壓力和氧氣濃度下降到三分之一以下。所以想攀登珠穆朗瑪峰的山頂就要帶著氧氣罐，需要各種特別準備才行。

當大氣壓下降時，袋子裡的空氣就膨脹了

溫室效應氣體是什麼？

（關於溫室效應的知識）

它是指會吸收和釋放紅外線的氣體，如二氧化碳（CO_2）、甲烷（CH_4）和水蒸氣（H_2O）。

一看就懂！**3**個重點

地球熱能的儲存與釋放，都會受到大氣成分影響

太陽發出的光和紅外線在白天到達地球，溫暖了地球表面，晚上又發出紅外線，使地球降溫。但是，如果大氣中含有吸收紅外線的氣體，紅外線吸收的熱量就會從大氣中再度釋放回地球表面，使地球整體溫度升高。

如果沒有溫室氣體，地球就會變冷

如果大氣中完全沒有溫室氣體，地球就會以紅外線的形式把熱能釋放到宇宙中。根據計算，地球現在的自體溫度是 19℃。雖然平均地表溫度為 14℃，因為有溫室效應氣體，所以能保存熱能，讓氣溫達到 33℃。

為什麼 CO_2（二氧化碳）會造成問題？

人類大量使用石油、煤炭等化石燃料，大氣中的 CO_2 含量不斷增加，是造成「全球暖化」和「氣候異常」的最大原因。所以世界各地都在採取降低二氧化碳排放的錯施。

小知識 導致全球暖化的第二大原因是甲烷。

地球暖化是什麼？

（關於地球暖化的知識）

地球暖化是指人類的活動導致大氣中
溫室氣體含量增加，使地球整體溫度升高。

一看就懂！3個重點

過去 120 年來，地球平均溫度上升了 1.1℃！

大約從 1850 年開始，世界各地都開始使用溫度計來測量氣溫。包括海洋在內，從 1900 年到 2020 年之間，地球平均氣溫上升了 1.09℃。而且，自 2000 年以來，增長速度更加劇烈。過去 2000 年來都不曾有過這麼大的氣溫上升現象。

原因正是溫室氣體──二氧化碳的增加

自 1750 年左右工業革命興起，到大約 2020 年之間，大氣中的 CO_2 濃度從 0.28% 增加到 0.41%。主要原因是人類為了獲取交通和發電所需的能源，大量燃燒煤碳、石油、天然氣等化石燃料，過程中排放出 CO_2。

全球暖化不斷加劇的話，會發生什麼事？

由於全球暖化，陸地上的冰層會融化，造成海平面上升，間接引發氣候異常。對生物的生活環境、海洋的循環、永久凍土都會造成重大影響。同時人類也很難預測溫度會升高到多高、暖化會持續多久，只能盡可能減少二氧化碳排放量。

小知識 化石燃料是古代生物的遺骸，它們在地層深處的高溫和壓力下，經過長時間的轉化而成。

星星　宇宙　行星　地球　太陽　月球　星系　宇宙探索

火箭是什麼時候發明的？

（關於火箭開發的知識）

火箭起源於 12 世紀上半，到了 19 世紀末發展到前往太空。

一看就懂！3 個重點

火箭的起源是裝滿火藥的柱形箭頭

據說火箭起源於 12 世紀上半，當時的中國人發明了尖端填裝了火藥的弓箭。到了 19 世紀末，開始有人設想要搭乘火箭前往太空，而俄國人康斯坦丁・齊奧爾科夫斯基（Konstantin Tsiolkovsky）首度發明了液體燃料火箭。

從火箭開發到導彈開發

20 世紀上半，被稱為「現代火箭之父」的美國物理學家羅伯特・戈達德（Robert Hutchings Goddard），成功發射了世界上第一枚液體燃料火箭。另一方面，德國的馮・布勞恩（Wernher von Braun）為德軍研製了世界上第一枚導彈「V-2」。

火箭發展成了宇宙開發競賽

第二次世界大戰後，美蘇進入冷戰狀態，開始展開彈道導彈、人造衛星等可用於軍事的技術競賽。1957 年，蘇聯成功發射人造衛星史普尼克 1 號，引發了史普尼克危機。

羅伯特・戈達德和他發明的史上第一枚液體燃料火箭

小知識 「Rocket」（火箭）這個詞源自紡錘形煙火「rocchetto」（義大利文中的線軸）。

為什麼火箭可以飛？

關於火箭為什麼可以飛起來的知識

火箭是依據「作用力與反作用力定律」的基本科學法則飛起來的。

一看就懂！ 3 個重點

利用「作用力與反作用力定律」產生「推力」

給氣球充氣後鬆手放開，它會噴出空氣快速往上衝，這就是「作用力與反作用力定律」形成的。氣球利用自身噴出空氣的力（作用力）起飛，接受來自空氣的反作用力往上飛。向前進的力稱為「推力」。

火箭起飛的原理和氣球一樣

火箭會燃燒裝載的燃料，產生高壓高溫氣體，以極快的速度向地面噴射，利用這股反作用力形成的推力向前進。氣體愈重、噴出得愈快，反作用力就愈大，速度也愈快。

推力必須比火箭的重量更大

火箭只要有足夠的燃料，飛到任何地方都不是問題。但是，推力必須大於火箭的重量。氣球因為很輕，只要很小的推力就能向前飛，火箭相當重，所以需要非常大的推力。

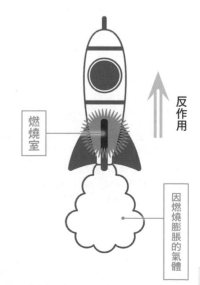

反作用

燃燒室

因燃燒膨脹的氣體

小知識 如果想增強火箭的推力，可以增加噴出的氣體量或是提高氣體噴出的速度。

火箭能夠飛得多遠？

關於火箭飛行距離的知識

一旦到達零重力的太空，想飛多遠就能飛多遠。

一看就懂！3 個重點

首先，想進入太空的話……

就高度而言，離地面 100 公里以上就已經可以稱為太空。火箭從發射到抵達太空只需要 10 分鐘左右。此外，如果能讓火箭的速度達到約每秒 11 公里，它就能擺脫地球引力，進入星際空間。

想要更進一步，離開太陽系的話……

加速到超過約每秒 17 公里，甚至可以擺脫太陽的引力，前往太陽系之外的空間。火箭是把宇宙探測器和人造衛星載運到太空裡的載具，所以它們其實在半路就會分開了。

如果是想繞地球一圈……

人造衛星是藉由繞地球運行，產生與地球引力相反方向的離心力來留在太空。因此，人造衛星的速度需要達到每秒 7.9 公里。人造衛星運行軌道高度大致分為兩種：海拔 200 ～ 1000 公里區間，以及 3 萬 6 千公里左右。

小知識 保特瓶火箭的世界紀錄約為 830 公尺，日本最高紀錄約為 129 公尺。

火箭使用什麼樣的燃料？

（關於火箭燃料的知識）

火箭燃料大致可以分為固體燃料和液體燃料等兩種類型。

一看就懂！ 3 個重點

固體燃料和液體燃料

固體燃料推進劑一般由丁二烯基系的合成橡膠和過氯酸銨等氧化劑燃料製成。液體燃料推進劑通常是液態氫等燃料加上液態氧等氧化劑製成。

固體燃料火箭的特點

固體燃料火箭在控制機體上非常困難，但它的結構很簡單，可靠性頗高。此外，與液體燃料相比，固體燃料除了更容易開發、製造和保存，也能產生出大量的推力。

液體燃料火箭的特點

將推進劑泵入液體燃料火箭燃燒室的方法，有「氣壓式」和「渦輪式」。由於構造比較複雜，缺點是不像固體燃料火箭那麼簡單，優點是在機體控制上更容易。

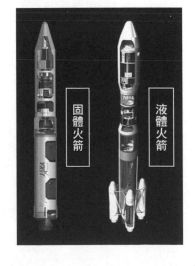

固體火箭

液體火箭

星星　宇宙　行星　地球　太陽　月球　星系　宇宙探索

為什麼要發射那麼多人造衛星？

關於人造衛星運用的知識

人造衛星讓我們的生活更加便利，
卻形成了太空垃圾的新問題。

一看就懂！3 個重點

各種類型的衛星和火箭的作用

人造衛星有許許多多種類，比如通信衛星、廣播衛星、氣象觀測衛星、測地衛星、地球觀測衛星等等，每顆衛星都是為特定目的而發射的。而火箭是負責運載衛星和太空人進入太空的載具。

火箭發射數量上，中國是世界第一

全世界每年會發射約 100 顆衛星。2019 年時中國發射火箭的次數最多，超越了美國、俄羅斯。目前世界上也只有這 3 個國家擁有載人太空船的技術。

新問題——「太空垃圾」

在宇宙科技進步的同時，大量被廢棄的人造衛星、無用的火箭碎片散落在地球周圍，成了「太空垃圾」（Space debris）。因此，人類也正在研究如何回收處理這些太空垃圾。

小知識　人造衛星運行的「軌道」，依衛星類型會有高度或形狀等等的不同。

星星
宇宙
行星
地球
太陽
月球
星系
宇宙探索

發射火箭是很難的事嗎？

關於發射火箭的知識

因為地球有大氣層和引力，所以要讓火箭升空是非常困難的事。

一看就懂！ 3 個重點

首先要讓火箭能發射上太空

火箭負責的是克服地心引力和大氣層的摩擦力，將填載的貨物和太空人送入太空，所以必須加速到符合目的的速度。以載運地球同步衛星來說，火箭必須能發射到赤道正上方大約 3 萬 6 千公里的高度。

接著還需要有足夠的水平速度

在看火箭發射的影片時，有沒有注意過火箭垂直發射後會愈來愈傾斜？如果只是單純想上太空，確實可以朝正上方升空就行，但最後還是會需要有水平速度，才能繞行地球。

從離赤道近，東側天空開闊的安全位置發射

如果從地球上自轉速度最快的赤道，朝向跟地球自轉同向的東邊發射火箭，地球的自轉速度就能用來為火箭加速。所以，日本才會在鹿兒島縣的內之浦和種子島建設火箭發射中心。

小知識 要將人造衛星送入軌道，需要每秒 7.9 公里或更快的速度，這叫做「第一宇宙速度」。

重力助推是什麼？

（關於重力助推的知識）

這是一種利用天體的引力來變更軌道的技術。

一看就懂！ 3 個重點

利用行星的引力來改變軌道

探測器會被行星的引力拉動，速度逐漸加快。然而，當探測器從行星後面經過，要遠離行星時，它又會被引力拉住，這次拉動的方向相反，所以探測器會減速，只改變了軌道的行進方向。

利用行星的公轉來加速

地球以每秒 30 公里的驚人速度繞太陽公轉。一旦在地球附近加入它的公轉軌道，就能分享地球繞太陽軌道的速度而得以加速。這讓探測器能夠以更少的燃料航行得更遠。

隼鳥 2 號探測器就利用了地球的重力助推

JAXA 的小行星探測器隼鳥 2 號，在 2014 年 12 月 3 日發射一年後的 2015 年 12 月 3 日利用地球的重力助推，把軌道改變為前往龍宮小行星，並且在 3 年後的 2018 年 6 月，成功登陸龍宮小行星。

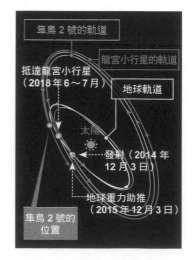

隼鳥 2 號的軌道

龍宮小行星的軌道

抵達龍宮小行星
（2018 年 6～7 月）

地球軌道

太陽

發射（2014 年
12 月 3 日）

地球重力助推
（2015 年 12 月 3 日）

隼鳥 2 號的
位置

小知識 太陽重力助推下，隼鳥 2 號的速度從大約每秒 30.3 公里增加到約每秒 31.9 公里。

UFO 是什麼？

（關於 UFO 的知識）

UFO 指的是「不明飛行物」，
而且這裡的不明是指「專家無法辨識」的意思。

一看就懂！**3** 個重點

UFO 是美國空軍在不明飛行物的報告書中下的定義
這是美國空軍的官方用語，是指嚴格檢證過所有能收集到的證據後，還是無法確認是否存在的事物，也就是說，是專家們認為的「不明（無法判別）飛行物」。

UFO 是目擊者們認為的神秘物體
就是有人指著天空大喊「啊，是飛碟！」的那種東西。對目擊者而言，會認為那不是一般的自然現象，而是不可思議的神秘物體。

UFO 是外星人的太空船？
當有人說「我昨天看到了飛碟（UFO）了」時，大多數人都會認為「這說不定是外星人的交通工具」。不過，並沒有任何證據能顯示有外星人在上面。絕大多數被目擊到的「UFO」，經過詳細觀測後，都被判明是雲、飛機雲、飛機、金星或木星等行星、恆星、探照燈、人造衛星、流星和火流星、鳥類和蝙蝠、無人機等等。

星星

宇宙

行星

地球

太陽

月球

星系

宇宙探索

小知識　「UFO」這個詞最早的用處，是指它確實存在，「只是無法證明它究竟是不是飛行物」。

會有飛碟飛到地球來嗎？

關於外星人的飛碟的知識

要說它是外星飛碟的話，必須要有飛碟的碎片和外星人（不論生死）來作為證據。

一看就懂！ 3 個重點

目擊到飛碟的故事非常多，但大腦看待事物的方式會有偏差

目擊者的記憶並不能成為證據。因為大腦並不能完美地重現人所看到或經歷的內容，而且記憶也會改變或混淆，所以也不一定能重覆出過去的真實情況。人類甚至連眼前的東西，都不一定能正確地認知或解讀。

照片和影片的證據力也很微弱

被認為是飛碟的目擊經驗和照片，大多是飛機雲、飛機或行星，像是金星和木星等等。也有很多假造的照片，例如，有一支非常有名的影片，聲稱是流出的「外星人的解剖」過程，但事實證明它是一群人為了賺錢而假造的。

需要更確鑿的證據

如果要證明自己看到的是真正的飛碟，必須要有科學家可以分析的飛船碎片，以及外星人本身（不論生死）來做為證據。但到目前為止，能證明飛碟存在的確鑿證據，連 1 個都不曾出現過。

號稱是外星人解剖的影片，其實是為賺錢而製作的騙局

小知識 天文學家正在嘗試用無線電和外星人取得聯絡，後續發展很令人期待。

（名字）

好厲害啊！

很好！

衝啊！

真的很努力呢！

真是太棒了！

簡直是天才！

辛苦啦！

真了不起！

好棒喔！

感謝您閱讀到最後！

附錄：TASA 國家太空中心沿革和發展近況

國家太空中心（Taiwan Space Agency, TASA）是臺灣唯一專責太空事務的機構，引領國內太空科技發展。臺灣的太空計畫自 1991 年啟動，從新手開始，隨著一個個太空任務累積技術力。

最初人員派駐國外從零開始學起，隨後逐步建立整測廠房、地面站、地面控制系統等基礎設施。隨著實務經驗累積，如今已能自製衛星、自主研發複雜的衛星操控軟體及關鍵元件。

這三十年來，太空中心主力發展衛星科技，主要有五個衛星任務，共計 15 顆衛星。它們皆以「福爾摩沙」為名編號：

福爾摩沙衛星一號（簡稱福衛一號）是科學衛星，執行電離層、海洋水色、衛星通訊等研究；福衛二號、福衛五號是地球觀測衛星，除了供科學研究，更積極支援國際太空救災組織「守望亞洲」（Sentinel Asia），國內外災害發生時即刻排程拍攝、提供衛星影像，協助判定災情；福衛三號、福衛七號是氣象衛星星系——各六顆配備相同的衛星聯合執行任務，蒐集大氣層與電離層資訊，幫助氣象預報。

其中，福五和福七是現役衛星，2023 下半年還要發射一顆自製氣象衛星「獵風者」。

臺灣的「國家太空科技發展長程計畫」大約十年一期，現在處於第三期（2019~2028），規劃打造 8 顆解析度更高的光學地球觀測衛星、合成孔徑雷達觀測衛星，並推動更多本土企業投入太空產業。

凡是要前往太空的物體，不論是人造衛星、太空人、太空船、探測器等等，都必須搭乘火箭這個交通工具，而現在全世界有能力發射入軌火箭的國家不到 15 個。

臺灣只有「探空火箭」，過去太空中心執行過十幾個任務，這種火箭用於高空探測，但無法把衛星送入軌道；而去年啟用的屏東旭海「短期科研探空火箭發射場」則是給學術團隊的小型探空火箭飛行測試。

直至 2023 年，國家太空中心改制為行政法人，升格直接隸屬「國家科學及技術委員會」，員額預計增加一倍為 600 人。中心規模擴大，擁有更多資源，也承擔更多任務與挑戰。

太空中心成立了新部門「太空運輸系統研發處」，開始研發入軌火箭

關鍵技術，同時籌備建置大型國家發射場 ——臺灣地理位置擁有良好條件，東臨廣闊海洋，可確保安全性；而緯度低可讓火箭藉助地球自轉的速度，節省燃料和費用。期待未來數年能讓臺灣自主研發的火箭載著自製衛星升空，進入地球軌道執行任務！

與大眾交流時，我們最常聽到：「要怎樣才能在太空中心工作？」、「要念什麼科系才能接觸太空？」

科學和工程科系是很直觀的選項，太空科技整合眾多學門的尖端技術，無數細節完美而協調的運作，才能讓火箭與衛星正常運行。

不過，太空領域面向非常廣闊，地球上需要的專業，太空也同樣需要。除了技術研發與大型複雜計畫管理，還需要投入科學教育、產業發展、法制政策、國際合作等工作，才能徹底發揮實力。各式專業都可以在太空領域找到一席之地。

臺灣 2021 年通過《太空發展法》，以和平使用為核心精神，制定太空活動相關規範。近年我們加入日本 JAXA 的太空科學教育計畫「KIBO-ABC」會員，執行許多有趣任務，像是送臺灣種子上太空、設計在太空執行的實驗等。這些都拓展了臺灣太空發展的可能性。

人類已在地球軌道部署了太空站和幾千顆衛星，現在更把目光望向月球和火星，而一切的原點都從好奇與想像開始～

「一群人一起做夢，夢想就會成真。」期待更多人加入太空領域，進行這些困難但令人興奮的任務。

一起突破重力，進入太空，排萬難而至星斗。

國家太空中心主任

吳宗信

TASA YT

TASA IG

TASA FB

作者列表（以五十音節順序排列）

青野裕幸	「楽しすぎるをバラまくプロジェクト」負責人	205-211,226-232
淺見奈緒子	星槎大學副教授	86-92,184-190,198-204,240-246
井上貫之	八戶工業大學客座講師	23-29,114-120,121-127,177-183
大島修	群馬縣立太田市立東中學	51-57,72-78,107-113,191-197
小野夏子☆	Galax City Maruchi Taiken Dome 解說員	212-218,247-253
北川達彥	Mushitec World 臨時僱員	30-36,128-134,135-141
木下慶之	福井縣越前市森田中學教師	100-106,331-337,380-386
坂本新	埼玉縣越谷市大袋中學教師	268-274,310-316,345-351
左卷健男	東京大學客座講師	142-148,296-302,352-358,387,388
SHI	黑暗通訊團	37-43,163-169
十河秀敏	箕面自由學園教育顧問（科學總監）	156-162,275-281,366-372
田崎真理子	川越看護專門學校兼職講師	65-71,149-155,373-379
富山佳奈利	科普作家	233-239,261-267,289-295
中川律子	さかさパンダ Science Production 負責人	79-85,324-330,359-365
夏目雄平	千葉大學名譽教授（物理系物理學專攻）	254-260,282-288,317-323
平賀章三	奈良教育大學名譽教授	93-99,219-225
源晃	半導體工程師	58-64,170-176,
橫內正	長野縣松本市波田中學教師	44-50,303-309,338-344

一日一頁宇宙大驚奇——從天文觀測到太空探索，大人小孩都想知道的天文知識

編 著 者／	左卷健男
譯　者／	高品薰
企畫選書／	黃靖卉
責任編輯／	黃靖卉
版　權／	吳亭儀、江欣瑜
行銷業務／	周佑潔、賴正祐、賴玉嵐
總 編 輯／	黃靖卉
總 經 理／	彭之琬
事業群總經理／	黃淑貞
發 行 人／	何飛鵬
法律顧問／	元禾法律事務所王子文律師
出　版／	商周出版

台北市 104 民生東路二段 141 號 9 樓
電話：(02) 25007008　傳真：(02)25007759
E-mail：bwp.service@cite.com.tw
Blog：http://bwp25007008.pixnet.net/blog

發　　行／英屬蓋曼群島商家庭傳媒股份有限公司城邦分公司
台北市中山區民生東路二段 141 號 2 樓
書虫客服服務專線：02-25007718、02-25007719
24 小時傳真服務：02-25001990、02-25001991
服務時間：週一至週五 9：30-12：00；13：30-17：00
劃撥帳號：19863813；戶名：書虫股份有限公司
讀者服務信箱 E-mail：service@readingclub.com.tw

香港發行所／城邦（香港）出版集團有限公司
香港灣仔駱克道 193 號；E-mail：hkcite@biznetvigator.com

馬新發行所／城邦（馬新）出版集團 Cite (M) Sdn Bhd
41, Jalan Radin Anum, Bandar Baru Sri Petaling,
57000 Kuala Lumpur, Malaysia.
Tel：(603)90563833　Fax：(603)90576622　Email：services@cite.my

封面設計／	林曉涵
排　版／	芯澤有限公司
印　刷／	韋懋實業股份有限公司
經 銷 商／	聯合發行股份有限公司

新北市 231 新店區寶橋路 235 巷 6 弄 6 號 2 樓
電話：(02) 29178022　傳真：(02) 29110053

■ 2023 年 8 月 1 日初版一刷　　　　　Printed in Taiwan
定價 600 元

1NICHI 1PAGE DE SHOGAKUSEI KARA ATAMA GA YOKUNARU!
UCHU NO FUSHIGI 366
Copyright © 2022 by Takeo SAMAKI
All rights reserved.
Interior illustrations by Arika CHIKARAISHI, Eiichiro TSUCHIYA
Interior design by Hisayuki KANAI
First published in Japan in 2022 by Kizuna Publishing.
Traditional Chinese translation rights arranged with PHP Institute, Inc.
Complex Chinese Character translation copyright ©2023 by Business Weekly Publications, a Division
of Cité Publishing Ltd.

城邦讀書花園
www.cite.com.tw

著作權所有，翻印必究 ISBN 978-626-318-765-8

國家圖書館出版品預行編目資料

一日一頁宇宙大驚奇：從天文觀測到太空探索，大人
小孩都想知道的天文知識／左卷健男編者；高品薰
譯 .-- 初版 .-- 臺北市：商周出版：英屬蓋曼群島商
家庭傳媒股份有限公司城邦分公司發行，2023.08
面；　公分 .--（商周教育館；67）
譯自：1 日 1 ページで小学生から頭がよくなる！
宇宙のふしぎ 366
ISBN 978-626-318-765-8（平裝）

1.CST: 天文學 2.CST: 宇宙

320　　　　　　　　　　　　　　　112010009

廣　告　回　函
北區郵政管理登記證
北臺字第000791號
郵資已付，免貼郵票

104　台北市民生東路二段141號2樓

英屬蓋曼群島商家庭傳媒股份有限公司城邦分公司　收

- -

請沿虛線對摺，謝謝！

書號：BUE067	書名：一日一頁宇宙大驚奇	編碼：

 商周出版

讀者回函卡

線上版讀者回函

感謝您購買我們出版的書籍！請費心填寫此回函卡，我們將不定期寄上城邦集團最新的出版訊息。

姓名：_____ 性別：□男 □女

生日：西元_____年_____月_____日

地址：_____

聯絡電話：_____ 傳真：_____

E-mail：

學歷：□ 1. 小學 □ 2. 國中 □ 3. 高中 □ 4. 大學 □ 5. 研究所以上

職業：□ 1. 學生 □ 2. 軍公教 □ 3. 服務 □ 4. 金融 □ 5. 製造 □ 6. 資訊
　　　□ 7. 傳播 □ 8. 自由業 □ 9. 農漁牧 □ 10. 家管 □ 11. 退休
　　　□ 12. 其他_____

您從何種方式得知本書消息？

　　　□ 1. 書店 □ 2. 網路 □ 3. 報紙 □ 4. 雜誌 □ 5. 廣播 □ 6. 電視
　　　□ 7. 親友推薦 □ 8. 其他_____

您通常以何種方式購書？

　　　□ 1. 書店 □ 2. 網路 □ 3. 傳真訂購 □ 4. 郵局劃撥 □ 5. 其他_____

您喜歡閱讀那些類別的書籍？

　　　□ 1. 財經商業 □ 2. 自然科學 □ 3. 歷史 □ 4. 法律 □ 5. 文學
　　　□ 6. 休閒旅遊 □ 7. 小說 □ 8. 人物傳記 □ 9. 生活、勵志 □ 10. 其他

對我們的建議：_____

_____

_____

【為提供訂購、行銷、客戶管理或其他合於營業登記項目或章程所定業務之目的，城邦出版人集團（即英屬蓋曼群島商家庭傳媒（股）公司城邦分公司、城邦文化事業（股）公司），於本集團之營運期間及地區內，將以電郵、傳真、電話、簡訊、郵寄或其他公告方式利用您提供之資料（資料類別：C001、C002、C003、C011 等）。利用對象除本集團外，亦可能包括相關服務的協力機構。如您有依個資法第三條或其他需服務之處，得致電本公司客服中心電話02-25007718 請求協助。相關資料如為非必要項目，不提供亦不影響您的權益。】

1.C001 辨識個人者：如消費者之姓名、地址、電話、電子郵件等資訊。　　2.C002 辨識財務者：如信用卡或轉帳帳戶資訊。

3.C003 政府資料中之辨識者：如身分證字號或護照號碼（外國人）。　　4.C011 個人描述：如性別、國籍、出生年月日。